spaCy
自然语言处理
从入门到进阶

王 冠 孔晓泉 编著

U0299607

电子工业出版社·
Publishing House of Electronics Industry
北京·BEIJING

内 容 简 介

本书是一本全面、实用、易懂的 spaCy 学习指南，专为对自然语言处理（NLP）感兴趣的读者设计。它以中文应用为核心，从基础概念到高级应用，逐步深入讲解 spaCy 这一高效的 Python NLP 库。书中不仅涵盖了分词、词性标注、命名实体识别等核心功能，还详细介绍了如何利用这些功能来构建强大的 NLP 应用。通过丰富的案例和示例代码，本书能够帮助读者快速掌握 spaCy 的使用方法，并将其应用于实际任务中，无论是文本分析、情感分析还是机器学习模型的构建。

对于自然语言处理的初学者来说，本书提供了一个结构化的学习方法，从最基础的 NLP 概念开始，逐步引导读者理解并应用 spaCy 库。对于开发者和数据科学家，书中的高级应用和最佳实践可以帮助他们提升现有技能，解决更复杂的 NLP 问题。无论是想系统学习 NLP 还是想针对性提升特定技能，本书都是理想的选择。它不仅适合个人学习，也适合作为团队或教育机构的教学资源。通过本书的学习，读者将能够更加自信地处理各种语言数据，开发出更加智能和高效的 NLP 解决方案。

图书在版编目（CIP）数据

spaCy 自然语言处理从入门到进阶 / 王冠，孔晓泉编
著. -- 北京 : 电子工业出版社，2025. 1. -- ISBN 978-
7-121-49128-3

Ⅰ. TP391

中国国家版本馆 CIP 数据核字第 2024FR7212 号

责任编辑：孙学瑛　　　　特约编辑：田学清
印　　刷：三河市鑫金马印装有限公司
装　　订：三河市鑫金马印装有限公司
出版发行：电子工业出版社
　　　　　北京市海淀区万寿路 173 信箱　　　　邮编：100036
开　　本：720×1000　　1/16　　印张：16.25　　字数：236 千字
版　　次：2025 年 1 月第 1 版
印　　次：2025 年 1 月第 1 次印刷
定　　价：89.00 元

凡所购买电子工业出版社图书有缺损问题，请向购买书店调换。若书店售缺，请与本社发行部联系，联系及邮购电话：（010）88254888，88258888。

质量投诉请发邮件至 zlts@phei.com.cn，盗版侵权举报请发邮件至 dbqq@phei.com.cn。
本书咨询联系方式：sxy@phei.com.cn。

前　言

　　自然语言处理（natural language processing，NLP）是人工智能领域的一个重要方向。近年来，深度学习技术的快速发展极大地推动了自然语言处理的进步，涌现出了许多强大的工具和技术，其中就包括 spaCy。spaCy 是一个高效的 Python NLP 库，它提供了丰富的功能，包括分词、词性标注、命名实体识别、依存关系解析等，为各种自然语言处理任务提供了强大的支持。spaCy 不仅对传统的自然语言处理技术有着工业级的强大支持，还对新型的大语言模型（如 Llama 和 ChatGPT）有着完善的支持。

为什么写这本书

　　尽管关于自然语言处理领域的研究取得了显著的进步，但对许多开发者来说，掌握和应用这些先进的工具和技术仍然存在一定的挑战。一方面，自然语言处理的理论和技术体系较为复杂，需要开发者具备一定的数学和计算机科学基础；另一方面，现有的自然语言处理教材和资料往往侧重于理论讲解，缺乏实际应用的案例和代码，难以满足开发者的实际需求。本书旨在填补这一空白，为读者提供一个实用、易懂的 spaCy 学习指南。

关于本书作者

王冠：北京大学学士，香港科技大学硕士，先后于香港应用科技研究院、联想机器智能实验室及瑞士再保险与慕尼黑再保险数据科学团队从事数据建模、计算机图像与 NLP 的研发工作，发表过数篇相关国际期刊论文，并取得相关专利。当前研究方向为人工智能在金融领域的应用。

孔晓泉：谷歌开发者机器学习技术专家（Google Developer Expert in Machine Learning），TensorFlow Addons Codeowner，Rasa SuperHero。多年来一直在世界 500 强公司带领团队构建机器学习应用和平台。在 NLP 和对话机器人领域拥有丰富的理论知识和实践经验。

本书的主要内容

本书涵盖 spaCy 从基础概念到高级应用的各个方面的内容。

- spaCy 简介：介绍 spaCy 的核心概念、安装方法和基础操作。

- 抽取语言学特征：讲解如何使用 spaCy 进行分词、词性标注、依存关系解析和命名实体识别。

- 信息提取：深入探讨 spaCy 的数据结构，并结合统计模型和规则模型讲解如何进行信息提取。

- 流程：介绍 spaCy 的流程，以及如何自定义流程组件和属性。

- 更新和训练模型：讲解如何使用 spaCy 更新和训练统计模型，特别是命名实体识别器。

- 实践案例——构建对话机器人，即通过一个完整的对话机器人案例，展示如何使用 spaCy 进行实际应用开发。

- 使用大语言模型：讲解大语言模型的概念、工作原理，及其在 spaCy 中集成和使用的方法，以及文本分类、命名实体识别等实际应用。

如何阅读本书

本书适合所有对自然语言处理感兴趣的读者。

- 初学者：本书从基础概念开始讲解，并结合实际案例和示例代码，可以帮助初学者快速入门。

- 开发者：本书涵盖 spaCy 的各个方面，并提供高级应用的案例，可以帮助开发者提升技能。

- 数据科学家：本书讲解如何使用 spaCy 进行信息提取和模型训练，可以帮助数据科学家更好地处理文本数据。

对于初次接触 spaCy 的读者，建议按照章节顺序阅读本书，这样可以获得对 spaCy 的系统性认知。已经有一定经验的读者可以根据自己的兴趣和需求选择性地学习相关内容，快速获取所需的知识。同时，建议读者在阅读过程中，积极动手实践书中的示例代码，以加深对 spaCy 的理解和掌握。

致谢

感谢谷歌通过提供谷歌云信用额度（GCP credit）的方式来支持我们的工作。

特别感谢 Ines Montani（Explosion 的联合创始人兼首席执行官，spaCy 和 Prodigy 的作者）对本书的大力支持。

目　　录

第 **1** 章

spaCy 简介

这一章将介绍自然语言处理（natural language processing，NLP）的基础概念，并重点介绍 spaCy 库。在本章中，我们将学习后续章节所需的基本概念，包括自然语言处理的发展过程、基础任务，以及 spaCy 的核心概念、安装和基础操作，对自然语言处理流程有初步的了解，并掌握使用 spaCy 完成自然语言处理任务的基本技能。

1.1 自然语言处理的发展过程

1. 自然语言处理领域面临的主要问题

在 2013 年之前，自然语言处理领域面临两个主要问题，这两个主要问题阻碍了自然语言处理方法的统一和发展。

第一个主要问题是文本的表示方法。不同于语音的波形表示和图像的像素表示，文本缺乏一种直观的、可量化的表示方法。独热编码和词袋模型是两种早期的表示方法，但它们都存在明显的局限性。独热编码产生的向量非常稀疏，浪费空间且无法表示词语间的语义关系。词袋模型忽略了词语的顺序和依赖关系，无法准确捕捉文本的语义。例如，词袋模型无法区分"李雷的儿子是谁"

和"谁的儿子是李雷"，尽管这两句话有显著的语义差异。

第二个主要问题是文本的建模方法。传统方法严重依赖人工特征工程，如 TF-IDF[①]用于表示词语的重要性，主题模型[②]用于判断文档主题，以及利用语言学信息构建特征。

IEPY（information extraction in python）是一个用于信息提取的 Python 工具包。在构建特征时，IEPY 会考虑多种因素，这些因素有助于用户理解文本信息的结构和关系，比如文本中词符的数量（number_of_tokens）、文本中两个实体之间的符号数量（symbols_in_between）、两个实体是否在同一个句子中（in_same_sentence）等。在获取了这些特征之后，传统方法通常会采用一些传统的机器学习模型来进行建模。IEPY 提供了多种分类模型，包括随机梯度下降（stochastic gradient descent）、最近邻（nearest neighbors）、支持向量机分类（support vector classification）、随机森林（random forest）和 AdaBoost。

传统的自然语言处理应用经常使用传统方法来解决实际问题。例如，Rasa 在处理意图识别问题时就采用了类似的方法。这种方法的优点在于训练速度

---

① TF-IDF（term frequency-inverse document frequency）是一种统计方法，用于评估一个词语对于一个文档集或语料库中的一份文档的重要程度。它基于这样一个假设：一个词语如果在某个文档中出现的频率高，并且在其他文档中出现的频率低，那么这个词语很可能就是这个文档的关键词，能够很好地代表这个文档的内容。TF-IDF 的最终值是词频和逆文档频率的乘积。这个值越高，表示词语在当前文档中越重要，在整个文档集中较不常见。

TF-IDF 被广泛应用于信息检索和文本挖掘。例如，其在搜索引擎中用于评估查询和文档的相关性，在文本分析中用于特征提取。尽管 TF-IDF 是一个相对简单且有效的工具，但它不考虑词语的上下文和语义关系，这在某些复杂的文本分析任务中可能是一个缺点。

② 主题模型（topic modeling）是一种统计模型，用于发现文档集合中隐藏的主题结构。它是一种无监督学习技术，可以在没有明确标注或分类的情况下，从文本数据中自动提取出主题（topics）。主题模型假设文档是由多个主题混合生成的，每个主题又是由多个词语分布组成的。

主题模型中最著名的算法是隐含狄利克雷分配（latent dirichlet allocation，LDA）。LDA 模型将文档视为一个概率生成过程，每个文档都会从一个主题分布中抽取主题，而每个主题又都是一个词语分布。这样，每个文档都可以表示为一个主题分布的混合，而每个主题则表示为一个词语分布。

快、对标注数据的需求量相对较少，并且对简单问题的解决效果良好。然而，它的缺点是需要大量的人工特征工程和模型调参，而且在处理一些复杂多变的语境时可能会显得力不从心。

2．word2vec

2013 年，Tomas Mikolov 发表了两篇具有里程碑意义的论文。一篇论文提出了 CBOW（continuous bag of words）和 skip-gram 模型，这二者用于学习词嵌入（word embedding）。另一篇论文提出了一些优化训练过程的方法。随后，word2vec 工具开源，它是一种高效的词嵌入学习工具，能够将词语转换为高维空间中的向量，这些向量能够捕捉词语的语义和上下文信息。word2vec 的出现极大地推动了自然语言处理领域的发展，为后续深度学习技术在自然语言处理中的应用奠定了基础。

word2vec 通过使用一个浅层的神经网络，在大规模语料库上进行训练，成功地解决了自然语言处理领域面临的第一个主要问题。它通过捕捉每个词语的上下文信息，将文本的语义嵌入密集的向量中，这些向量被称为词向量。这种技术的核心被称为词嵌入。词向量的强大之处在于它们能够蕴含词语的语义，支持类似"king - man + woman = queen"的操作。词向量的神秘之处在于，尽管我们无法解释每一个维度的具体含义，但它们能够捕捉词语之间蕴含的语义关系。

word2vec 的出现标志着一个新时代的开启。在 word2vec 出现之后，文本处理的第一步通常是将词语转换为词向量。近年来在计算机视觉领域取得巨大成功的深度学习模型也被自然地引入了文本处理，取代了传统的机器学习模型，成为解决复杂自然语言处理问题的有力工具。将训练大规模语料库得到的词向量作为输入并结合深度学习模型，已经成为解决众多自然语言处理问题的标准配置。

word2vec 和词向量的发明，将原本只能用稀疏的独热编码表示的词语，转换为密集、神秘、优雅且富有表现力的向量。这使得自然语言处理得以摆脱烦琐的语言学特征工程，推动了深度学习在自然语言处理领域的广泛应用。这种表示学习（representation learning）的趋势，如今已经扩展到知识图谱（使用 graph embedding 技术）和推荐系统（使用 user/item embedding 技术）等多个领域中。

尽管 word2vec 在自然语言处理领域中取得了显著的性能提升，但研究人员很快发现它存在一个局限性：同一个词在不同的上下文中可能具有不同的含义，而 word2vec 为每个词提供的向量表示是固定和静态的。例如，"水分"一词在"植物从土壤中吸收水分"和"他的话里有很大的水分"中的语义是不同的，但 word2vec 给出的向量表示却是相同的。

3．ELMo

为了解决这个问题，研究人员开始探索根据当前上下文为词语生成向量表示的方法，上下文词嵌入（contextual word embedding）技术应运而生。早期的上下文词嵌入模型之一——著名的 ELMo（embeddings from language models）不会对每个词使用固定的词向量，而是在为词分配向量之前考虑整个句子的上下文。它使用在特定任务上训练的双向 LSTM（long short-term memory）来创建这些词向量。LSTM 是一种特殊的循环神经网络（recurrent neural network，RNN），能够学习长程依赖关系，即捕捉序列数据中相距较远的元素之间的依赖关系。

ELMo 在各种自然语言处理任务上都表现出色，因此迅速成为基于深度学习的自然语言处理算法的核心组件。它的成功展示了上下文词嵌入模型在捕捉词语的多义性和上下文依赖性方面的优势，为后续自然语言处理的研究和发展奠定了基础。

4．Transformer 模型

Transformer 模型于 2017 年发布，它在机器翻译任务上取得了突破性的成果。与传统的基于 LSTM 的模型不同，Transformer 模型完全依赖于注意力机制（attention mechanism）来处理序列数据。注意力机制是一种函数，它将查询（query）与一组键值对（key-value pairs）映射到输出上。在这个机制中，输出值是输入值的加权和，其中每个值的权重是通过查询与对应键的函数计算得出的。

许多自然语言处理研究人员认为，Transformer 模型使用的注意力机制是一个更优的 LSTM 的替代方案。他们主张，注意力机制在处理长程依赖关系方面比 LSTM 更为有效，并且具有更广泛的应用潜力。Transformer 模型采用编码器–解码器（encoder-decoder）结构，其中编码器和解码器在结构上相似，但在功能上有所区别。编码器由多个相同的编码器层堆叠而成，解码器也由多个相同的解码器层组成。这些编码器层和解码器层都使用注意力机制作为其核心组件。

Transformer 模型的出现不仅极大地推动了机器翻译领域的发展，还对整个自然语言处理领域产生了深远的影响。它的注意力机制和编码器–解码器结构为处理序列数据提供了一种新的、高效的解决方案，是后续许多先进模型和算法的基础。

5．GPT 模型

Transformer 模型的巨大成功引起了自然语言处理研究人员的广泛关注。在 Transformer 模型的基础上，他们开发了许多优秀的模型，其中两个非常著名且重要的模型是 GPT（generative pre-trained transformer）模型和 BERT（bidirectional encoder representations from transformers）模型。

GPT 模型完全由 Transformer 模型的解码器层组成，它的目标是生成类似

人类语言的文本。截至目前，GPT 模型已经发展出了 3 个版本：GPT-1、GPT-2 和 GPT-3。GPT-3 尤其引人注目，因为它能够生成质量极高的文本，且其理解能力非常接近人类水平。

6. BERT 模型

BERT 模型完全由 Transformer 模型的编码器层组成，旨在提供更好的语言表示方法，以帮助各种下游任务取得更好的结果。这些下游任务包括句子对分类（sentence pair classification）、单句分类（single sentence classification）、问答任务（question answering tasks）和单句标注任务（single sentence tagging tasks）。BERT 模型在多种自然语言处理任务上达到了当时的先进水平，并在许多任务上显著提升了当时的最佳纪录。

BERT 模型的成功催生了一个庞大的模型家族，包括 XL-Net、RoBERTa、ALBERT、ELECTRA、ERNIE、BERT-WWM（whole word masking）、DistillBERT 等模型。这些模型在 BERT 模型的基础上进行了各种改进和创新，进一步推动了自然语言处理领域的发展。

1.2　自然语言处理的基础任务

高效率的字、词和句子的向量表示方法极大地减少了用户对人工特征工程的依赖。在此基础上，自然语言处理领域有一系列基础任务。根据问题本质的不同，这些基础任务可以分为以下几种。

（1）由类别生成序列：这类任务包括文本生成、图像描述生成等，其中模型需要根据给定的类别或上下文生成一个序列。

（2）由序列生成类别：这类任务包括文本分类、情感分析、关系提取等，模型需要根据输入的序列数据输出一个类别标签。

（3）由序列同步生成序列：这类任务包括分词、词性标注、语义角色标注、实体识别等，模型需要输入一个序列并输出与之相同长度的序列。

（4）由序列异步生成序列：这类任务包括机器翻译、自动摘要、拼音输入等，模型需要输入一个序列并输出一个不同长度的序列。

由此可见，构建对话机器人可以归类为由序列生成类别的文本分类任务；实体标注可以归类为由序列同步生成序列的实体识别任务；语音识别可以归类为由序列（语音信号）同步生成序列（文本）的任务，而语音合成则相反；对话管理在很大程度上是一个由序列（对话历史）生成类别（当前动作）的任务。这些基础任务的解决对于推动自然语言处理领域的发展至关重要。

1.3 spaCy 的核心概念

在 spaCy 诞生之前，自然语言处理领域中存在一些库和工具，但它们往往存在以下问题。

（1）性能：许多 NLP 库在处理大量文本时性能较低，这限制了它们在实时应用和大数据处理中的发展。

（2）易用性：早期的 NLP 工具通常较为复杂，开发者必须深入了解 NLP 知识才能有效使用。

（3）预训练模型：许多 NLP 工具需要开发者自己训练模型，这需要大量的计算资源和时间。

spaCy 由英国公司 Explosion 开发，由 Tom Deane 和 Explosion 公司的创始人 Marek Reformat 于 2014 年首次发布。spaCy 的目的是创建一个快速、高效的 Python 库，用于处理和分析自然语言文本，其主要特点如下。

（1）高性能：spaCy 使用 Cython 进行加速，提供了高效的文本处理和分析功能。

（2）易用性：spaCy 提供了简洁、直观的 API，使得文本处理变得简单和直接。

（3）预训练模型：spaCy 提供了多种预训练的模型，可以用于常见的自然语言处理任务，如词性标注、命名实体识别等。

（4）灵活性：spaCy 允许开发者自定义模型和管道（pipeline），以适应特定的自然语言需求。

（5）跨平台：spaCy 可以在多种操作系统上运行，如 Windows、macOS 和 Linux 操作系统。

（6）社区支持：spaCy 有一个活跃的社区，提供了文档、教程、示例代码和广泛的第三方库支持。

spaCy 被广泛应用于文本挖掘、信息提取、机器翻译、情感分析等领域，是一个非常受欢迎的自然语言处理研究和开发工具，其核心概念如下。

（1）nlp 对象：spaCy 中进行文本处理和分析的中心组件，包含用于处理文本的管道，这些管道定义了文本处理的各个阶段，如分词、词性标注、命名实体识别等。

（2）Doc 对象：代表一个文本，包含文本的分词结果。

（3）Token 对象：代表文本中的单个词符，如单词、标点符号等，包含丰富的属性，如文本、词性标签、依存关系标签等，每个词符都有一个 Token 对象。

（4）Span 对象：代表文本中的一个连续片段，可以通过 Doc 对象的切片来创建。

（5）Pipeline：一系列用于文本处理的组件，如分词、词性标注、命名实体识别等，spaCy 提供了预训练的管道，开发者也可以自定义管道。

（6）Trainer：用于训练定制的模型，可以用来优化 spaCy 的管道，以适应特定的 NLP 任务。

（7）Embeddings：词向量，用于表示词符在低维空间中的位置，帮助模型捕捉词的语义信息。

下面将介绍 spaCy 的前 4 个核心概念，后续再详细介绍其他核心概念。

1.3.1 nlp 对象

nlp 对象是 spaCy 的核心，即自然语言处理流程的对象。nlp("some text")用于处理文本，其中"some text"是需要处理的文本。这个调用会返回一个 Doc 对象，其包含处理后的文本信息，如词性标签、依存关系标签等。

要创建一个处理中文的 nlp 对象，需要先导入 spaCy 库，并使用 spacy.blank 方法来创建一个空的中文处理流程。这个 nlp 对象可以被当作一个函数来使用，不仅包含整个处理流程中的所有组件，包括分词、词性标注、命名实体识别等，用于分析文本；还包含一些特定于语言的规则，用于将文本分解成单独的词汇和标点符号。spaCy 支持多种语言，是一个非常灵活和强大的 NLP 工具。

下面是一个简单的例子，展示了如何创建一个 nlp 对象并使用它来处理中文文本。

```
import spacy
# 创建一个空的中文处理流程
nlp = spacy.blank("zh")
# 加载中文的分词规则和其他处理组件
nlp.add_pipe("tokenizer")
```

```
# 使用 nlp 对象处理文本

text = "这是一个例子。"

doc = nlp(text)
# 输出处理结果

for token in doc:
    print(token.text,token.lemma_,token.pos_,token.dep_,
token.ent_type_)
```

在这个例子中，我们首先导入了 spaCy 库；然后使用 spacy.blank()方法创建了一个空的 nlp 对象，指定了语言为中文（zh）；接着在流程中添加了一个分词器（tokenizer）组件；最后使用这个 nlp 对象处理了一段中文文本，并遍历处理后的文档，打印出每个词符的文本、词元、词性、依存关系和实体类型。

请注意，这个示例是一个简化版的演示，spaCy 提供了很多的组件和功能，开发者可以根据需要进行扩展和定制。

1.3.2　Doc 对象

当使用 spaCy 的 nlp 对象处理文本时，spaCy 会创建一个 Doc 对象。Doc 是"document"的缩写。Doc 对象允许开发者以结构化的方式访问文本的相关信息，同时确保信息的完整性。

Doc 对象的行为类似于一个标准的 Python 序列，开发者可以通过遍历它来访问所有的词符（tokens），或者使用索引来读取特定的词符。每个词符都包含一系列的属性，如文本内容、词性标签、依存关系标签等，这些属性提供了丰富的语法和语义信息。

下面是一个简单的例子，展示了如何使用 Doc 对象。

```
import spacy
```

```python
# 加载中文模型
nlp = spacy.load("zh_core_web_sm")
# 处理文本
text = "这是一个句子。"
doc = nlp(text)
# 遍历文档中所有的词符
for token in doc:
    print(token.text, token.pos_, token.dep_)
# 使用索引访问特定的词符
first_token = doc[0]
print(first_token.text, first_token.pos_, first_token.dep_)
```

代码的输出结果如下。

```
这是
一个
句子
。
```

在这个例子中，我们首先加载了一个中文模型；然后使用 nlp 对象处理了一段文本；接着遍历了文档中所有的词符，并打印出了每个词符的文本、词性标签和依存关系标签；最后使用索引"[0]"访问了文档中的第一个词符，并打印出了它的相关信息。

Doc 对象是 spaCy 中的一个核心概念，它为处理和分析文本提供了一个强大的基础。后面将更详细地介绍如何使用 Doc 对象及 Doc 对象的各种属性和方法。

1.3.3 Token 对象

在 spaCy 中，Token 对象代表一个文本中的词符，它可以是单词、标点符号和其他任何由分词器识别的文本单元。要读取文档中特定位置的词符，可以直接使用 Doc 对象的索引。

Token 对象提供了一系列的属性，使开发者能够访问词符的详细信息。例如，.text 属性可以返回词符的原始文本，其他属性则提供了词符的词性标签、依存关系标签、实体类型等信息。

下面是一个简单的例子，展示了如何访问 Token 对象的属性。

```python
import spacy
# 加载中文模型
nlp = spacy.load("zh_core_web_sm")
# 处理文本
text = "这是一个例子。"
doc = nlp(text)
# 使用索引访问特定的词符
first_token = doc[0]
# 打印词符的原始文本
print(first_token.text)        # 输出：是
# 打印词符的其他信息
print(first_token.pos_)        # 输出：助词
print(first_token.dep_)        # 输出：核心词
print(first_token.ent_type_)   # 输出：None（没有实体类型）
```

代码的输出结果如下。

一个

在这个例子中，我们首先加载了一个中文模型，并使用 nlp 对象处理了一段文本；然后通过索引"[0]"访问了文档中的第一个词符，并打印出了它的原始文本和其他相关信息，包括词性标签、依存关系标签和实体类型。

Token 对象是 spaCy 中处理文本的基本单位，它提供了一种便捷的方式来访问和处理文本中的每个词符，如图 1-1 所示。

图 1-1　Token 对象

在 spaCy 中，Token 对象包含许多有用的属性，这些属性提供了关于词符的详细信息。以下是一些常用的词符属性。

（1）i：返回词符在原始文本中的索引值。

（2）text：返回词符的原始文本内容。

（3）is_alpha：返回一个布尔值，表示词符是否包含字母表字符。

（4）is_punct：返回一个布尔值，表示词符是否是标点符号。

（5）like_num：返回一个布尔值，表示词符是否看起来像一个数字。

上述属性通常被称为词汇属性，因为它们主要反映了词符在词典中的特性，而与词符在句子中的具体语义无关。例如，词符"10"在 is_alpha、is_punct 和 like_num 属性上都会返回 False，因为它包含数字且不是标点符号；同样，词符"ten"在 is_alpha 属性上会返回 True，因为它只包含字母表字符。这些属性对于文本分析和 NLP 任务非常有用，可以帮助开发者快速判断词符的类型和特性，从而进行更准确的文本处理。

我们来看一个例子。

```python
doc = nlp("这个肉夹馍花了¥5。")
print("Index:   ", [token.i for token in doc])
print("Text:    ", [token.text for token in doc])
print("is_alpha:", [token.is_alpha for token in doc])
print("is_punct:", [token.is_punct for token in doc])
print("like_num:", [token.like_num for token in doc])
```

代码的输出结果如下。

```
Index:    [0, 1, 2, 3, 4, 5, 6]
Text:     ['这个', '肉夹馍', '花', '了', '¥', '5', '。']

is_alpha: [True, True, True, True, False, False, False]
is_punct: [False, False, False, False, False, False, True]
like_num: [False, False, False, False, False, True, False]
```

1.3.4 Span 对象

在 spaCy 中，Span 对象用于表示文档中一个连续的包含一个或多个词符的文本片段。它实际上是 Doc 对象的一个视图，不包含实际的数据，而是引用 Doc 对象中的词符。

切片语法是一种常见的在 spaCy 中创建 Span 对象的方法。使用 Doc 对象的切片，可以轻松地获取文档中特定位置的文本片段，例子如下。

```python
import spacy
# 加载中文模型
```

```
nlp = spacy.load("zh_core_web_sm")

# 处理文本

text = "这是一个例子。"

doc = nlp(text)

# 使用切片语法创建一个 Span 对象

span = doc[1:3]

# 打印 Span 对象的信息

print(span.text)                    # 输出：一个例子

print(span.start, span.end)    # 输出：(1, 3)
```

代码的输出结果如下。

一个例子

在这个例子中，我们首先加载了一个中文模型，并使用 nlp 对象处理了一段文本；然后使用切片语法 "[1:3]" 创建了一个新的 Span 对象，它包含了从索引 1 到索引 3（不包括索引 3）的词符；最后打印出了 Span 对象的信息，以及它的起始索引和结束索引。

Span 对象提供了一种方便的方式来处理文本中特定的片段，它保留了原始 Doc 对象的上下文信息，使得开发者可以轻松地访问和分析文本的子集，如图 1-2 所示。

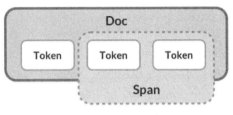

图 1-2　Span 对象

1.4 spaCy 的安装方法

spaCy 适配于 64 位的 Python 2.7、3.5 及以上版本，可运行于 UNIX、Linux、macOS/Mac OS X 和 Windows 操作系统中。最新的 spaCy 版本可以从 pip 和 Conda 中下载。

1.4.1 使用 pip 安装

我们可以用下面的命令来使用 pip 安装 spaCy。

```
$ pip install spacy
```

如果操作系统中有多个 Python 版本，则需要指定 pip 相应的版本。例如，要使用 Python 3.5 来安装 spaCy，需要使用如下命令。

```
$ pip3.5 install spacy
```

如果操作系统中已经安装了 spaCy，则最好将其更新到最新版本。使用如下命令检查操作系统中 spaCy 的版本。

```
$ python -m spacy info
```

如果要更新 spaCy 到最新版本，则可以使用如下命令。

```
$ pip install -U spacy
```

1.4.2 使用 Conda 安装

我们可以用下面的命令来使用 Conda 安装 spaCy。

```
$ conda install -c conda-forge spacy
```

如果安装成功，则可以试着在 Python 中导入 spaCy 来检查是否会报错，命令如下。

```
import spacy
```

如果没有报错，则表示成功安装了 spaCy。

1.5　spaCy 的基础操作

1.5.1　训练模型

spaCy 的 nlp 对象不仅提供了处理和分析文本的强大功能，还提供了模型的训练流程。使用 nlp 对象可以训练定制的模型，使其适应特定的自然语言处理任务。

使用 spaCy 进行模型训练的基本步骤如下。

（1）定义模型：定义一个 nlp 对象，通常涉及指定语言、管道和可能的模型配置。

（2）准备数据：准备训练数据，通常包括文本及其相应的标签或特征。

（3）训练模型：使用准备好的数据对模型进行训练。spaCy 提供了多种训练方法，开发者可以根据需要选择。

（4）评估和优化：在训练过程中或训练完成后评估模型的性能，并根据需要进行优化。

（5）保存和加载模型：将训练好的模型保存到文件中，在需要使用时加载。

1. 训练流程

训练流程是 spaCy 的一个核心概念，它使得 spaCy 能够有效地从文本的语境中抽取语言学特征，训练出词性标注、依存关系解析和命名实体识别等流程组件。这些流程组件是基于标注过的文本数据进行大量训练而成的，包含用于从文本中抽取这些信息的统计模型。训练流程可以处理多种有趣的分析任务，如判断一个词是否是动词，或者识别文本中某个特定的片段是否表示人名。

为了优化抽取结果，开发者需要提供更多的标注数据来更新模型。例如，当用户需要优化特定场景下的抽取结果时，开发者可以提供该场景的标注数据来训练和调整流程。这种基于用户需求的数据优化使得 spaCy 在特定应用场景中更加有效。

在 spaCy 中，训练流程通常是通过 Trainer 类来实现的，该类提供了训练模型的接口。训练流程可以针对特定任务进行定制，如文本分类、情感分析等。通过这种方式，spaCy 不仅能够处理预定义的自然语言处理任务，还能够适应特定的业务需求和场景。

2．安装模型

要使用 spaCy 完成命名实体识别、依存关系解析等自然语言处理任务，需要安装相应语言的统计模型。这些模型是 spaCy 的核心组件，用于提供特定语言的分词、词性标注、命名实体识别等功能。不同的语言对应不同的模型，而模型的精度会影响模型的大小。

spaCy 提供了多种中文预训练模型，如 zh_core_web_sm、zh_core_web_md 和 zh_core_web_lg，它们具有不同的精度和大小。

我们可以用下面的命令自动根据 spaCy 的版本下载和安装兼容的中文语言模型版本。

```
$ python -m spacy download zh_core_web_sm
```

如果要安装某个版本的模型，则可以使用如下命令。

```
$ python -m spacy download zh_core_web_sm-3.2.0 -direct
```

在安装模型后，通过 spaCy 的 load 命令来读取模型。

```
import spacy
nlp = spacy.load("zh_core_web_sm")
doc = nlp("我爱吃面条。")
```

3. 流程包

流程包是 spaCy 中的一个重要概念，包含模型训练后的所有必要组件，开发者可以在不同的环境中快速部署和使用这个流程包。一个流程包通常包含以下几个部分。

（1）二进制权重：模型的参数，通过训练数据得到，用于进行文本处理和分析。

（2）词汇表：包含模型训练时使用的所有词符及其相关信息，如词性、实体类型等。

（3）元信息：提供关于模型和训练数据的额外信息，如训练数据的来源、模型的版本等。

（4）配置文件：包含模型的配置信息，如使用的算法、超参数等。

spaCy 提供了一系列预训练的流程包，开发者可以使用 spacy download 命令来下载这些流程包。例如，**zh_core_web_sm** 是一个小型中文语言模型流程包，包含 spaCy 的所有核心功能，并且是基于网上的中文文本数据训练而来的。具体代码如下。

```
$ python -m spacy download zh_core_web_sm
```

在下载流程包后，开发者可以将其加载到 spaCy 中，并使用这些预训练的模型来进行文本处理。这种方式在节省训练时间和资源的同时提供一个起点。开发者在此基础上做进一步的定制和优化。具体代码如下。

```
import spacy
nlp = spacy.load("zh_core_web_sm")
```

spacy.load()方法是 spaCy 中用于加载预训练流程包的关键。spacy.load()方法可以通过包名读取一个流程包，并返回一个 nlp 对象。这个 nlp 对象包含模型的所有必要组件，用于进行文本处理和分析。图 1-3 所示为一个小型中文语言模型流程包。

图 1-3　一个小型中文语言模型流程包

spaCy 可读入的流程包不包含训练使用的标注数据。训练好的模型包含二进制权重、配置文件、词典字符串及其哈希值等，但不包含原始的标注数据。这是因为训练好的模型已经通过训练数据学习了如何进行预测，因此不再需要原始的标注数据。

所有流程包都包含一个 config.cfg 文件，该文件定义了初始化的语言、调用的流程组件，以及训练和配置该流程包的细节信息。用来做语义标注（如词性标注）、依存关系解析或命名实体识别的流程都包含二进制权重。

流程包包含 string.json 文件，该文件存储了流程包的词典字符串及其哈希值。这样 spaCy 在需要的时候可以直接调用哈希值来搜索对应的词典字符串。

下面开始使用 spaCy 进行基础的输出操作。

1.5.2 预测模型

1. 输出中文

下面的例子展示了如何使用 spacy.blank()方法创建一个空白的中文 nlp 对象，处理一个文档对象 Doc，并打印其中的文本。

```
# 导入 spaCy 库
import spacy
# 创建一个空白的中文 nlp 对象
nlp = spacy.blank("zh")
# 处理文本
doc = nlp("这是一个例子。")
# 打印文本
print(doc.text)
```

运行上述代码，输出结果如下。

```
这是一个例子。
```

我们首先导入了 spaCy 库；然后使用 spacy.blank("zh")创建了一个空白的中文 nlp 对象；接着使用这个 nlp 对象处理了一段中文文本，并创建了一个 Doc 对象的实例；最后打印出了这个 Doc 对象中的文本。

2. 输出英语

下面的例子展示了如何使用 spacy.blank()方法创建一个空白的英文 nlp 对象，处理一个文档对象 Doc，并打印其中的文本。

```
# 导入 spaCy 库
import spacy
```

```
# 创建一个空白的英文 nlp 对象

nlp = spacy.blank("en")

# 处理文本

doc = nlp("This is a sentence.")

# 打印文本

print(doc.text)
```

运行上述代码，输出结果如下。

```
This is a sentence.
```

我们首先导入了 spaCy 库；然后使用 spacy.blank("en")创建了一个空白的英语 nlp 对象；接着使用这个 nlp 对象处理了一段英文文本，并创建了一个 Doc 对象的实例；最后打印出了这个 Doc 对象中的文本。

3. 输出德语

下面的例子展示了如何使用 spacy.blank()方法创建一个空白的德语 nlp 对象，处理一个文档对象 Doc，并打印其中的文本。

```
# 导入 spaCy 库

import spacy

# 创建一个空白的德语 nlp 对象

nlp = spacy.blank("de")

# 处理文本 (这是德语 "Kind regards" 的意思)

doc = nlp("Liebe Grüße!")

# 打印文本

print(doc.text)
```

运行上述代码，输出结果如下。

```
Liebe Grüße!
```

我们首先导入了 spaCy 库；然后使用 spacy.blank("de")创建了一个空白的德语 nlp 对象；接着使用这个 nlp 对象处理了一段德语文本，并创建了一个 Doc 对象的实例；最后打印出了这个 Doc 对象中的文本。

第 2 章

抽取语言学特征

本章将介绍 spaCy 文本处理的基本操作、如何使用已有模型进行预测、基于规则的匹配器，以及如何定义匹配规则。

2.1 基本操作

2.1.1 分词

当我们在一段文字中调用 nlp 方法时，spaCy 首先会对这段文字进行分词（tokenization），然后创建一个 Doc 对象。这个 Doc 对象包含文本的分词结果，能提供对文本内容进行结构化分析的能力。

接下来将介绍如何使用 Doc 对象和它的两个重要视图：Token 和 Span。Token 视图代表文本中的单个词符，而 Span 视图代表文本中连续的一段词符。通过这些视图，我们可以方便地访问和操作文本的各个部分，进行更深入的文本分析。

例如，我们可以使用 Doc 对象的[start:end]切片来创建一个 Span 对象。该对象代表从索引 start 到索引 end-1 的文本片段。同样，我们可以遍历 Doc 对象来访问每个 Token 对象，获取它们的文本内容、词性、依存关系等信息。

要使用 spaCy 创建一个中文的 nlp 对象并对其进行文本处理，首先需要安装中文的 spaCy 模型。如果还没有安装，则可以使用如下命令安装 zh_core_web_sm 模型。

```
python -m spacy download zh_core_web_sm
```

在安装完成后，可以使用如下代码来创建一个中文的 nlp 对象，对其进行文本处理，并打印出第一个词符的文本内容。

```
import spacy
# 加载中文模型
nlp = spacy.load("zh_core_web_sm")
# 处理文本
text = "我喜欢老虎和狮子。"
doc = nlp(text)
# 选取文档中的第一个词符并打印出它的文本内容
first_token = doc[0]
print(first_token.text)
```

代码的输出结果如下。

```
我
```

在这个例子中，我们首先加载了中文模型 zh_core_web_sm；然后使用这个模型处理了一段中文文本，并创建了一个 Doc 对象的实例；最后选取了文档中的第一个词符，并打印出了它的文本内容（text）。

运行这段代码，可以看到 spaCy 如何处理中文文本，并获取第一个词符的文本内容。这是 spaCy 中文文本处理的基础操作之一。对于 spaCy 中的 Doc 对象，开发者可以像使用 Python 列表一样使用索引来检索词符。例如，doc[4]会返回索引为 4 的词符，也就是文本中的第五个词符（因为 Python 中的索引是从 0 开始的）。

2.1.2　截取词符

要使用 spaCy 创建一个中文的 nlp 对象并对其进行文本处理，需要使用如下代码，并截取其中包含"老虎""老虎和狮子"的词符。

```python
# 导入 spaCy 库并创建中文的 nlp 对象

import ____

nlp = ____

# 处理文本

doc = ____("我喜欢老虎和狮子。")

# 遍历打印 Doc 对象中的文本内容

for i, token in enumerate(doc):

    print(i, token.text)

# 截取 Doc 对象中"老虎"的部分

laohu = ____

print(laohu.text)

# 截取 Doc 对象中"老虎和狮子"的部分 (不包含"。")

laohu_he_shizi = ____

print(laohu_he_shizi.text)
```

在这个例子中，我们首先加载了中文模型 zh_core_web_sm；然后使用这个模型处理了一段中文文本，并创建了一个 Doc 对象的实例；接着定位"老虎""老虎和狮子"在文本中的位置，并通过这些位置来截取包含这些词符的词元。

运行这段代码，可以看到 spaCy 如何截取特定的词符。这是 spaCy 中文文本处理的基础操作之一。

在 spaCy 的 Doc 对象中，可以使用切片语法来截取文档的一部分，这与在 Python 列表中截取元素的方式非常相似。切片语法使用冒号 ":" 来指定一个范围，这个范围包含起始索引，不包含结束索引。

例如，有一个 Doc 对象，要对其截取从索引 0 开始到索引 4 结束的词符，可以使用 doc[0:4]这个范围包含索引 0、1、2、3 的词符，但不包含索引 4 的词符。

```
# 导入 spaCy 库并创建中文的 nlp 对象
import spacy
nlp = spacy.blank("zh")
# 处理文本
doc = nlp("我喜欢老虎和狮子。")
# 遍历打印 Doc 对象中的文本内容
for i, token in enumerate(doc):
    print(i, token.text)
# 截取 Doc 对象中 "老虎" 的部分
laohu = doc[2:3]
print(laohu.text)
# 截取 Doc 对象中 "老虎和狮子" 的部分 (不包含 "。")
laohu_he_shizi = doc[2:5]
print(laohu_he_shizi.text)
```

代码的输出结果如下。

```
0 我

1 喜

2 欢

3 老

4 虎

5 和

6 狮

7 子

8 。

欢

欢老虎
```

2.1.3　获取文本特征

要使用 spaCy 中的 Doc 对象和 Token 对象寻找文本中表示百分比的部分，可以按照以下步骤操作。

（1）遍历 Doc 对象中的每个词符。

（2）对于每个词符，检查其 text 属性是否是人民币符号"￥"。

（3）如果当前词符是人民币符号，则获取紧接着的下一个词符。

（4）检查下一个词符是否为一个数字。在 spaCy 中，可以通过检查词符的 like_num 属性来确定其是否包含数字。

```python
import spacy

nlp = spacy.blank("zh")

# 处理文本
```

```
doc = nlp(

    "在 1990 年，一份豆腐脑可能只要¥0.5。"

    "现在一份豆腐脑可能要¥5 左右了。"

)

# 遍历 Doc 对象中的词符

for token in doc:

    # 检测词符的文本是否是 "¥"

    if token.____ == "¥":

        # 获取文档中的下一个词符

        next_token = ____[____]

        # 检测下一个词符是否为一个数字

        if ____.____:

            print("Price found:", next_token.text)
```

在 spaCy 的 Doc 对象中，可以直接使用索引来访问特定的词符。例如，doc[5]将返回索引为 5 的词符。这是因为 Doc 对象实际上是一个 Python 列表，其中每个元素都是一个 Token 对象，代表文本中的一个词符。因此，我们可以像访问 Python 列表中的元素一样访问 Doc 对象中的词符。

```
import spacy

nlp = spacy.blank("zh")

# 处理文本

doc = nlp(

    "在 1990 年，一份豆腐脑可能只要¥0.5。"

    "现在一份豆腐脑可能要¥5 左右了。"

)
```

```
# 遍历 Doc 对象中的词符

for token in doc:

    # 检测词符的文本是否是"¥"

    if token.text == "¥":

        # 获取文档中的下一个词符

        next_token = doc[token.i + 1]

        # 检测下一个词符是否为一个数字

        if next_token.like_num:

            print("Price found:", next_token.text)
```

代码的输出结果如下。

```
Price found: 0
Price found: 5
```

词符及其属性能提供丰富的信息,使得文本处理变得更加高效和强大。通过组合和分析这些属性,我们能够进行各种复杂的文本分析,并构建出功能丰富的自然语言处理应用。通过词符的属性,我们可以获取文本的各种特征,如词性、依存关系、实体类型、词根、上下文信息等。这些信息对于许多自然语言处理任务非常关键,包括但不限于以下任务。

- 词性标注(part-of-speech tagging,POS Tagging):确定词符的词性(如名词、动词、形容词等)。

- 依存关系解析(dependency parsing):确定词符之间的句法关系。

- 命名实体识别(named entity recognition,NER):识别文本中的特定实体,如人名、地点、组织等。

- 情感分析:分析词符的情感倾向。

- 文本分类：根据词符的属性对文本进行分类。

- 语义角色标注：确定词符在句子中的成分，如主语、宾语等。

2.1.4　词性标注

要使用 spaCy 获得词性标注的结果，首先需要加载一个预训练的流程包，然后处理文本，并打印出每个词符的文本内容和词性标注结果。

```
import spacy
# 加载中文模型
nlp = spacy.load("zh_core_web_sm")
# 处理文本
doc = nlp("我吃了个肉夹馍")
# 打印出每个词符的文本内容和词性标注结果
for token in doc:
print(token.text, token.pos_)
```

代码的输出结果如下。

```
我 PRON
吃 VERB
了 PART
个 NUM
肉夹馍 NOUN
```

在这个例子中，我们首先加载了中文模型 zh_core_web_sm，并使用它处理了一段中文文本；然后遍历了处理后的文档，并打印出了每个词符的文本内容和词性标注结果。

运行这段代码，可以看到 spaCy 如何对文本进行词性标注。例如，词符"吃"会被标注为动词（VERB），而"肉夹馍"则被标注为名词（NOUN）。

在 spaCy 中，属性名通常以字符串的形式返回，如果属性名结尾有下画线，则表示它是一个字符串值；如果没有下画线，则表示它是一个整型 ID 值。这种命名约定有助于开发者清晰地区分不同类型的属性。

2.1.5　依存关系解析

除了词性标注，spaCy 还可以通过 dep_ 属性返回预测的依存关系标签来预测词与词之间的关系，如主谓关系、动宾关系等。每个词符都有一个 head 属性，该属性返回句法头词符，即这个词符在句子中所依附的母词符。

下面是一个简单的例子，展示了如何使用 dep_ 和 head 属性来查看词符之间的依存关系。

```
for token in doc:
    print(token.text, token.pos_, token.dep_, token.head.text)
```

代码的输出结果如下。

```
我 PRON nsubj 吃
吃 VERB ROOT 吃
了 PART aux:asp 吃
个 NUM nummod 肉夹馍
肉夹馍 NOUN dobj 吃
```

运行这段代码，可以看到 spaCy 如何对文本进行依存关系解析和句法分析。例如，词符"我"可能是句子的主语，而"吃"可能是句子的谓语。通过这些信息，我们可以更深入地理解文本的结构和句法关系。

在 spaCy 中，依存关系描述了句子中词语之间的句法关系。依存关系的标注方法是标准化的，用于表示不同词之间的依赖关系。例如，在句子"我吃了个肉夹馍"中，代词"我"被标注为名词主语（nsubj），依附在动词"吃"上；词短语"肉夹馍"被标注为目的语（dobj），也依附在动词"吃"上，如表 2-1 所示。这些标签反映了句子中词语之间的句法关系。在图 2-1 所示的依存关系中，可以看出"我"是句子的主语，而"肉夹馍"是动词"吃"的宾语。这种句法关系揭示了句子的结构，有助于开发者理解句子的含义。

表 2-1　依存关系

标签	描述	例子
nsubj	名词主语	我
dobj	目的语	肉夹馍

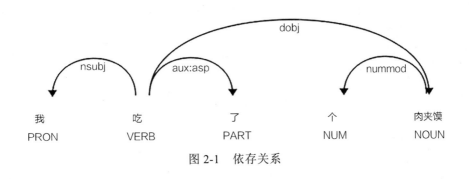

图 2-1　依存关系

综上所述，spaCy 中的每个词符都有一个 dep_属性，该属性包含词符的依存关系标签；每个词符还有一个 head 属性，该属性指向句法头词符。通过这些属性，我们可以深入地理解句子中词语之间的句法关系。

2.1.6　命名实体识别

命名实体识别是一个重要的自然语言处理任务，它涉及从文本中识别和分类预定义的实体类型，如人名、组织名、地理位置、日期、货币金额等。

在 spaCy 中，命名实体识别是通过 Doc 对象的 ents 属性来实现的。ents 属性是一个遍历器，包含文档中所有命名实体的 Span 对象。每个 Span 对象都代表一个命名实体，并包含实体的文本和相应的实体标签。

图 2-2 所示为一个简单的命名实体识别示例，展示了如何使用 ents 属性来获取和打印命名实体识别的结果。

图 2-2　一个简单的命名实体识别示例

运行如下代码。

```
# 处理文本
doc = nlp("微软准备用十亿美元买下这家英国的创业公司。")
# 遍历识别出的实体
for ent in doc.ents:
    # 打印实体文本及其标注
    print(ent.text, ent.label_)
```

代码的输出结果如下。

```
微软 ORG
十亿美元 MONEY
英国 GPE
```

这段代码展示了 spaCy 如何识别和分类文本中的命名实体。文本中的"微软"被识别为一个组织实体，"英国"被识别为一个地理政治实体，"十亿美元"被识别为货币金额实体。通过这种方式，我们可以轻松地从文本中提取和识别关键的实体信息，这对于许多自然语言处理应用非常有用。

要了解关于 spaCy 的预训练流程，以及如何在计算机上安装语言模型的更多信息，可以访问 spaCy 的官方文档。该文档包含各种语言模型的详细信息，以及如何下载和安装这些模型的说明。

在调用一个 spaCy 流程时，需要使用 spacy.load()方法并传入流程对应的名字字符串。因为这些名字根据语言和训练数据的不同而有所变化，所以确保使用正确的名字是非常重要的。例如，要加载一个中文模型，可能需要使用 zh_core_web_sm、zh_core_web_md 或 zh_core_web_lg 等不同的名字，具体取决于所需模型的大小和性能。

下面的代码展示了如何使用 spacy.load()方法来加载中文模型。

```
import spacy

# 加载 zh_core_web_sm

nlp = spacy.load("zh_core_web_sm")

text = "写入历史了：苹果是美国第一家市值超过一万亿美元的上市公司。"

# 处理文本

doc = nlp(text)

# 打印 Doc 对象中的文本内容

print(doc.text)
```

代码的输出结果如下。

写入历史了：苹果是美国第一家市值超过一万亿美元的上市公司。

2.2 用已有模型预测

我们现在来试试 spaCy 的一个已经训练好的流程包，看看它在实际预测中的表现。（完全可以在自己设定的文本中做测试。）

如果对某一个标签不清楚，则可以在代码中调用 spacy.explain()方法。它是一个非常有用的辅助函数，可以快速提供 spaCy 中大部分常见标签的定义，有助于开发者理解 spaCy 中各种标签的含义和模型输出的结果。

下面的代码展示了如何使用 spacy.explain()方法来获取标签的定义。

```python
import spacy
# 加载中文模型
nlp = spacy.load("zh_core_web_sm")
# 获取词性标注的定义
print(spacy.explain("VERB"))        # 输出：动词
print(spacy.explain("NOUN"))        # 输出：名词
print(spacy.explain("ADJ"))         # 输出：形容词
# 获取依存关系标签的定义
print(spacy.explain("nsubj"))       # 输出：主语
print(spacy.explain("obj"))         # 输出：宾语
print(spacy.explain("ROOT"))        # 输出：根节点
# 获取命名实体识别标签的定义
print(spacy.explain("GPE"))         # 输出：国家、城市、州、省
print(spacy.explain("ORG"))         # 输出：组织
print(spacy.explain("PERSON"))      # 输出：人
```

运行这段代码，可以看到 spacy.explain()方法如何获取标签的定义。该方法对于那些不熟悉 spaCy 标签体系的开发者来说特别有用，可以帮助他们快速理解模型输出的各种标签。

2.2.1 预测文字、词性标签和依存关系标签

要使用 spaCy 处理文本并打印出每个词符的文字、词性标签和依存关系标签，可以按照以下步骤操作。

（1）导入 spaCy 库。

```
import spacy
```

（2）加载模型。

```
nlp = spacy.load("zh_core_web_sm")
```

（3）处理文本。

```
text = "写入历史了：苹果是美国第一家市值超过一万亿美元的上市公司。"
doc = nlp(text)
```

（4）遍历词符并打印信息。

```
for token in doc:
    # 获取词符文本、词性标签和依存关系标签
    token_text = token.text
    token_pos = token.pos_
    token_dep = token.dep_
    # 规范打印的格式
    print(f"{token_text:<12}{token_pos:<10}{token_dep:<10}")
```

这段代码将创建一个 Doc 对象，并遍历其中的每个词符，打印出其文本、词性标签和依存关系标签。为了便于阅读，每个词符的信息都将以格式化的方式显示。

代码的输出结果如下。

写入	VERB	ROOT
历史	NOUN	dobj
了	PART	dep
:	PUNCT	punct
苹果	NOUN	nsubj
是	VERB	cop
美国	PROPN	nmod
第一	NUM	nummod
家	NUM	mark:clf
市值	NOUN	nsubj
超过	VERB	acl
一万亿	NUM	nmod:range
美元	NUM	mark:clf
的	PART	mark
上市	NOUN	compound:nn
公司	NOUN	conj
。	PUNCT	punct

2.2.2 预测命名实体识别的结果

下面的代码展示了如何使用 spaCy 遍历文本并打印命名实体识别的结果。

```
import spacy
# 加载中文模型
nlp = spacy.load("zh_core_web_sm")
```

```
# 处理文本

text = "写入历史了：苹果是美国第一家市值超过一万亿美元的上市公司。"

doc = nlp(text)

# 对识别出的命名实体进行遍历并打印实体文本和标签

for ent in doc.ents:

    # 打印实体文本和标签

    print(ent.text, ent.label_)
```

代码的输出结果如下。

```
美国 GPE

第一 ORDINAL

一万亿美元 MONEY
```

运行这段代码，可以看到 spaCy 如何对中文文本进行命名实体识别，并打印出实体的文本和对应的标签。

2.2.3　手动创建命名实体

模型预测的准确度取决于训练数据的质量和多样性，以及处理文本的具体内容。有时候，即使是非常先进的模型也可能无法正确识别某些专有名词或新出现的术语。例如，在下面的代码中，模型似乎没有正确识别"iPhone X"这个命名实体。这可能是因为"iPhone X"在训练数据中出现的频率不高，或者训练数据中没有包含类似的命名实体。

```
import spacy

nlp = spacy.load("zh_core_web_sm")

text = "苹果公司公布了预购细节，泄露了即将到来的 iPhone X 的发布日期。"
```

```
# 处理文本
doc = ____
# 打印token和序号
for i, token in enumerate(doc):
    print(i, token.text)
# 遍历实体
for ____ in ____.____:
    # 打印实体文本和标签
    print(____.____, ____.____)
# 获取"iPhone X"的截取(Span对象)
iphone_x = ____
# 打印Span对象中的文本内容
print("Missing entity:", iphone_x.text)
```

　　为了处理这种情况，我们可以手动检查模型对文本的预测，并创建一个表示"iPhone X"的 Span 对象。

　　要创建一个 Doc 对象，需要对文本调用 nlp 实例。在 spaCy 中，doc.ents 属性包含文档中所有命名实体的列表。对于每个实体，访问其 text 属性可以获取实体的文本，访问其 label_ 属性可以获取实体的标签。

　　创建 Span 对象的最简单的方法是使用 Python 的切片语法。切片[start:end]会返回从索引 start 开始到索引 end-1 结束的文本片段。例如，doc[5:10]会返回从索引 5 开始到索引 9 结束的文本片段。

　　参考代码如下。

```
import spacy
```

```
nlp = spacy.load("zh_core_web_sm")

text = "苹果公司公布了预购细节，泄露了即将到来的 iPhone X 的发布日期。"

# 处理文本

doc = nlp(text)

# 打印 token 和序号

for i, token in enumerate(doc):

    print(i, token.text)

# 遍历实体

for ent in doc.ents:

    # 打印实体文本和标签

    print(ent.text, ent.label_)

# 获取"iPhone X"的截取(Span 对象)

iphone_x = doc[11:13]

# 打印 Span 对象中的文本内容

print("Missing entity:", iphone_x.text)
```

代码的输出结果如下。

```
0 苹果

1 公布

2 了

3 预购

4 细节

5 ，

6 泄露
```

```
 7 了

 8 即将

 9 到来

10 的

11 iPhone

12 X

13 的

14 发布

15 日期

16 。
Missing entity: iPhone X
```

除了手动检查，我们还可以通过其他方式创建 Span 对象。在下一节中，我们将学习 spaCy 的基于规则的匹配器，以在文本中找到特定的词语和短语。

2.3 基于规则的匹配器

除了使用切片语法创建 Span 对象，spaCy 还提供了基于规则的匹配器（Matcher），这使得在文本中查找特定的词语和短语变得更加简单和灵活。

spaCy 的 Matcher 模块允许开发者定义匹配规则，这些匹配规则可以基于词项、词性、标签及其他属性定义。一旦定义了匹配规则，Matcher 就可以在 Doc 对象中查找匹配的文本片段了。

下面的代码展示了如何使用 spaCy 的 Matcher 模块来匹配文本中特定的短语。

```
import spacy

# 导入 Matcher

from spacy.matcher import Matcher

# 加载中文模型

nlp = spacy.load("zh_core_web_sm")

doc = nlp("苹果公司公布了预购细节，泄露了即将到来的 iPhone X 的发布日
期。")

# 用模型分享的词汇表初始化 Matcher

matcher = Matcher(nlp.vocab)

# 创建一个模板来匹配这两个词符："iPhone"和"X"

pattern = [{"TEXT": "iPhone"}, {"TEXT": "X"}]

# 把模板加入 Matcher

matcher.add("IPHONE_X_PATTERN", [pattern])

# 在 Doc 对象上使用 Matcher

matches = matcher(doc)

# 遍历所有的 match，得到从索引 start 到索引 end 的匹配结果的截取

for match_id, start, end in matches:

    # 获取匹配的截取

    matched_span = doc[start:end]

print(matched_span.text)
```

代码的输出结果如下。

```
Matches: ['iPhone X']
```

在这段代码中，我们首先导入了 Matcher；然后加载了中文模型

zh_core_web_sm；接着使用 nlp.vocab()方法初始化了 Matcher 对象，并创建了一个模板来匹配词符"iPhone"和"X"；再接着使用 matcher.add()方法将模板添加到 Matcher 中，并在 Doc 对象上使用 Matcher 找到了匹配的规则；最后遍历了所有的匹配结果，并打印出了所有匹配到的文本片段。通过这种方式在中文文本中查找特定的词语或短语，比简单的字符串匹配要灵活得多，因为它利用了 spaCy 的词法分析和模型预测结果。

2.3.1　Matcher 与正则表达式

spaCy 的 Matcher 模块与正则表达式相比，有着以下显著优势。

（1）在 Doc 对象上工作：Matcher 是在 Doc 对象上工作的，这意味着它可以利用 Doc 对象的词性标签、实体标签等高级特征，而正则表达式仅基于字符串匹配。

（2）词法属性匹配：Matcher 允许开发者基于词法属性进行匹配，如词性、实体标签等。这意味着 Matcher 可以根据文本的深层结构来编写匹配规则，而不仅仅是表面字符串。

（3）利用模型预测结果：Matcher 可以结合模型的预测结果来编写匹配规则。例如，编写规则来匹配所有被模型识别为特定词性的词符。

例如，单词"duck"作为名词和动词有不同的含义。如果使用正则表达式，则可能需要编写复杂的规则来区分这两种情况，但使用 Matcher 可以直接利用模型的词性标签来匹配名词或动词。

下面是一个使用 Matcher 来匹配特定词性的词符的例子。

```
import spacy from spacy.matcher

import Matcher

# 加载中文模型
```

```
nlp = spacy.load("zh_core_web_sm")

# 创建一个 Matcher 对象

matcher = Matcher(nlp.vocab)

# 定义一个匹配规则，匹配所有的动词

pattern = [{"POS": "VERB"}]

matcher.add("Verbs", [pattern])

# 处理文本

text = "The duck quickly ducks under the bridge."

doc = nlp(text)

# 在文本中查找匹配的规则

matches = matcher(doc)

# 打印匹配的结果

for match_id, start, end in matches:

    # 获取匹配的文本

    matched_text = doc[start:end].text

    # 打印匹配的文本和匹配的规则

    print(matched_text)
```

在这个例子中，我们使用了 Matcher 匹配所有被模型识别为动词的词符，这种方法比仅使用正则表达式要灵活得多。

2.3.2　模板匹配

模板匹配是一种自然语言处理技术，用于在文本中查找特定的模式或结构。在 spaCy 中，模板匹配是 Matcher 模块的一个功能，允许开发者根据预定义的模板来查找文本中的匹配项。

模板匹配的主要特点如下。

（1）基于规则：在定义规则时可以指定要匹配的词符属性，如词性、词根、文本内容等。

（2）灵活性：组合不同的词符属性和运算符，可以创建复杂的匹配规则。

（3）高效性：模板匹配通常比简单的字符串匹配更高效，因为它利用了spaCy的词法分析结果。

（4）可扩展性：根据需要添加或修改匹配规则，以适应不同的文本分析需求。

在 spaCy 中，模板匹配的基本步骤如下。

（1）导入 Matcher：从 spacy.matcher 中导入 Matcher。

（2）初始化 Matcher：使用 nlp.vocab 初始化 Matcher。

（3）定义匹配规则：创建一个匹配规则，该规则通常是一个字典列表，每个字典都代表一个词符及其属性。

（4）添加模板：使用 matcher.add()方法，将匹配规则添加到 Matcher 中。

（5）调用 Matcher：在 Doc 对象上调用 Matcher，以查找匹配的规则。

（6）遍历匹配结果：遍历匹配结果，获取匹配的文本片段。

模板匹配在信息提取、文本分类、实体识别等多种自然语言处理任务中非常有用。通过定义合适的匹配规则，我们可以快速、准确地从文本中提取所需的信息，这比简单的字符串匹配要灵活得多。

下面是一个使用模板匹配的例子，展示了如何根据词根和词性来匹配词符。

```python
import spacy

from spacy.matcher import Matcher

# 加载中文模型

nlp = spacy.load("zh_core_web_sm")

# 创建一个 Matcher 对象

matcher = Matcher(nlp.vocab)

# 定义一个匹配规则，匹配词根为"buy"且词性为名词的词符

pattern = [{"LEMMA": "buy"}, {"POS": "NOUN"}]

matcher.add("Buy Noun", [pattern])

# 处理文本

text = "She went to buy some milk, but the store was out of
stock."

doc = nlp(text)

# 在文本中查找匹配的规则

matches = matcher(doc)

# 打印匹配的结果

for match_id, start, end in matches:

    # 获取匹配的文本

    matched_text = doc[start:end].text

    # 打印匹配的文本和匹配的规则

    print(matched_text)
```

在这个例子中，我们使用了 Matcher 来匹配所有词根为"buy"且词性为名词的词符。这种方法允许开发者根据词符的深层结构来进行匹配，而不仅仅基于表面字符串。

1．查找特定的词组

要使用 spaCy 的模板匹配功能，需要先导入 Matcher；再使用 nlp.vocab()方法初始化 Matcher 对象；然后使用 matcher.add()方法添加一个或多个模板（每个模板都是一个词符属性字典的列表）；最后在所有 Doc 对象上调用 Matcher，以查找匹配的模板。

下面的例子展示了如何使用模板匹配在中文文本中查找特定的词组。

```python
import spacy
from spacy.matcher import Matcher
# 加载中文模型
nlp = spacy.load("zh_core_web_sm")
# 创建一个 Matcher 对象
matcher = Matcher(nlp.vocab)
# 定义一个匹配规则，匹配词组 "iPhone X"
pattern = [{"TEXT": "iPhone"}, {"TEXT": "X"}]
matcher.add("IPHONE_PATTERN", [pattern])
# 处理文本
text = "即将上市的 iPhone X 的发布日期被泄露了"
doc = nlp(text)
# 在 Doc 对象上调用 Matcher
matches = matcher(doc)
# 遍历所有的匹配结果
for match_id, start, end in matches:
    # 获取匹配的截取
    matched_span = doc[start:end]
```

```
print(matched_span.text)
```

在这个例子中，我们先定义了一个匹配规则，该规则匹配词组"iPhone X"；然后在一个中文文档上使用 Matcher 查找匹配的规则，并遍历了所有的匹配结果；最后对应每个匹配结果都创建了一个 Span 对象，以表示匹配词组在文档中的位置。通过这种方式，我们可以使用模板匹配在中文文本中查找特定的词组或短语，而无须手动编写复杂的匹配逻辑。

代码的输出结果如下。

```
iPhone X
```

在 spaCy 的 Matcher 中，每个匹配结果都包含如下 3 个关键变量。

（1）match_id：模板的哈希值，用于唯一标识模板。当调用 matcher.add()方法时，spaCy 会自动为每个模板分配唯一的 ID。

（2）start：匹配到的文本片段在原始文档中的起始索引。注意，这个索引是相对于原始文档的，而不是 Doc 对象。

（3）end：匹配到的文本片段在原始文档中的终止索引。同样，这个索引也是相对于原始文档的。

这些变量允许开发者精确地定位匹配到的文本片段在原始文档中的位置，可以用于创建 Span 对象，表示匹配到的文本片段，或者进行其他基于位置的操作。

2．查找特定的词符组合

下面的例子展示了如何使用 spaCy 的 Matcher 来创建一个更复杂的匹配模板，以匹配特定的词符组合。在这个例子中，我们想要匹配一个包含数字、"国际"、"足联"、"世界杯"和一个标点符号的词符序列。

以下是完整的代码示例。

```python
import spacy

from spacy.matcher import Matcher

# 加载中文模型

nlp = spacy.load("zh_core_web_sm")

# 创建一个 Matcher 对象

matcher = Matcher(nlp.vocab)

# 定义一个匹配规则

pattern = [

    {"IS_DIGIT": True},      # 匹配一个只含有数字的词符

    {"LOWER": "国际"},        # 匹配"国际"

    {"LOWER": "足联"},        # 匹配"足联"

    {"LOWER": "世界杯"},      # 匹配"世界杯"

    {"IS_PUNCT": True}       # 匹配一个标点符号

]

# 为 Matcher 加入模板

matcher.add("COMPLEX_PATTERN", [pattern])

# 处理文本

doc = nlp("2018 国际足联世界杯：法国队赢了！")

# 在 Doc 对象上调用 Matcher

matches = matcher(doc)

# 遍历所有的匹配结果

for match_id, start, end in matches:

    # 获取匹配的截取
```

```
matched_span = doc[start:end]

print(matched_span.text)
```

代码的输出结果如下。

```
2018国际足联世界杯：
```

在这个例子中，我们先定义了一个匹配规则，该规则包含 5 个条件，即一个只含有数字、"国际"、"足联"、"世界杯"和一个标点符号的词符；然后在一个中文文档上使用 Matcher 查找匹配的规则，并遍历了所有的匹配结果；最后对应每个匹配结果，打印出了匹配到的文本片段。

运行这段代码，我们可以看到如何使用 spaCy 的 Matcher 来创建复杂的匹配规则，并使用这些规则在中文文本中查找特定的词符组合。

3．查找特定词根和词性的词符组合

下面的例子展示了如何使用 spaCy 的 Matcher 来创建一个匹配模板，以匹配特定词根和词性的词符组合。在这个例子中，我们想要匹配一个词根为"喜欢"的动词词符，后面跟着一个名词词符。

以下是完整的代码示例。

```
import spacy

from spacy.matcher import Matcher

# 加载中文模型

nlp = spacy.load("zh_core_web_sm")

# 创建一个 Matcher 对象

matcher = Matcher(nlp.vocab)

# 定义一个匹配规则

pattern = [
```

```
        {"LEMMA": "喜欢", "POS": "VERB"},  # 匹配词根为"喜欢"的动词
        {"POS": "NOUN"}                     # 匹配一个名词
]
# 为 Matcher 加入模板
matcher.add("LIKES_PATTERN", [pattern])
# 处理文本
doc = nlp("我喜欢狗但我更喜欢猫。")
# 在 Doc 对象上调用 Matcher
matches = matcher(doc)
# 遍历所有的匹配结果
for match_id, start, end in matches:
    # 获取匹配的截取
    matched_span = doc[start:end]
    print(matched_span.text)
```

代码的输出结果如下。

```
喜欢狗
喜欢猫
```

在这个例子中，我们先定义了一个匹配规则，该规则包含两个条件，即一个词根为"喜欢"的动词和一个名词；然后在一个中文文档上使用 Matcher 查找匹配的规则，并遍历了所有的匹配结果；最后对应每个匹配结果，打印出了匹配到的文本片段。

运行这段代码，我们可以看到如何使用 spaCy 的 Matcher 来创建匹配规则，以及如何使用这些规则在中文文本上查找特定词根和词性的词符组合。

2.4 定义匹配规则

2.4.1 运算符和量词

spaCy 的 Matcher 支持使用运算符和量词来定义词符应该被匹配的次数。这使得开发者可以根据需要灵活地定义匹配规则。例如，使用"?"运算符可以使相应的判断词符变为可选，这意味着它可以在匹配结果中出现 0 次或者 1 次；使用"+"运算符可以使相应的判断词符出现 1 次或者多次。

下面是一个使用这些运算符的例子，展示了如何定义一个匹配模板来匹配一个词根为"买"的词符，后面可能跟着一个可选的数词和一个名词。

```python
import spacy

from spacy.matcher import Matcher

# 加载中文模型

nlp = spacy.load("zh_core_web_sm")

# 创建一个 Matcher 对象

matcher = Matcher(nlp.vocab)

# 定义一个匹配规则

pattern = [
    {"LEMMA": "买"},                # 匹配词根为"买"的词符

    {"POS": "NUM", "OP": "?"},      # 可选：匹配 0 次或者 1 次数词

    {"POS": "NOUN"}                 # 匹配一个名词

]

# 为 Matcher 加入模板

matcher.add("BUY_PATTERN", [pattern])

# 处理文本
```

```
doc = nlp("我买个肉夹馍。我还要买凉皮。")

# 在 Doc 对象上调用 Matcher

matches = matcher(doc)

# 遍历所有的匹配结果

for match_id, start, end in matches:

    # 获取匹配的截取

    matched_span = doc[start:end]

    print(matched_span.text)
```

代码的输出结果如下。

```
买个肉夹馍
买凉皮
```

在这个例子中，我们先定义了一个匹配规则，其中包含一个可选的数词。这意味着匹配既可以包括数词，也可以不包括数词；然后在两个中文句子上使用 Matcher 查找匹配的规则，并遍历了所有的匹配结果；最后对应每个匹配结果打印出了匹配到的文本片段。

运行这段代码，我们可以看到如何使用 spaCy 的 Matcher 来定义匹配规则，并使用这些规则在中文文本上查找特定词根和词性的词符组合，包括可选的词符。

OP 运算符在 spaCy 的 Matcher 中扮演着重要的角色，可以大大增加模板的灵活性和复杂性。以下是 OP 运算符的 4 种值及其含义，示例如表 2-2 所示。

● "!"：用于否定一个词符，表示该词符不能出现在匹配结果中。

● "?"：用于将一个词符变为可选的，表示该词符可以匹配 0 次或者 1 次。

- "+"：用于匹配目标词符 1 次或者多次。

- "*"：用于匹配目标词符 0 次或者多次。

表 2-2　OP 运算符的示例

例子	说明
{"OP": "!"}	否定:0 次匹配
{"OP": "?"}	可选:0 次或者 1 次匹配
{"OP": "+"}	1 次或者多次匹配
{"OP": "*"}	0 次或者多次匹配

这些运算符允许开发者根据需要定义匹配规则的严格程度。例如，使用"?"可以使一个词符成为匹配规则的选项，而使用"+"或"*"可以增加匹配规则的灵活性，使其匹配更多的规则。

基于词符的匹配为信息提取提供了很多可能性。通过定义灵活的匹配规则，我们可以从文本中提取出如下信息。

（1）提取日期：使用 POS 标签可以匹配数字，并确保它们紧随一个日期标记词（如"日""月""年"）。

（2）提取电话号码：电话号码通常包含数字和分隔符（如"-""."），使用 POS 标签可以匹配数字，并确保它们符合电话号码的格式。

（3）提取电子邮件地址：电子邮件地址通常包含字母、数字、点号和下画线，并且以"@"符号分隔，使用 POS 标签可以匹配这些字符。

（4）提取人名：人名通常由一个或者多个名词组成，有时后面跟着一个姓氏，使用 POS 标签可以匹配名词，并确保它们符合人名的常见格式。

（5）提取价格：价格通常包含货币符号、数字和单位（如"元""美元"），使用 POS 标签可以匹配这些字符。

这些只是基于词符匹配的一些简单应用。组合不同的词符属性、运算符和量词，可以定义更复杂的匹配规则，以满足特定的信息提取需求。

下面的例子展示了如何通过一个简单的模板提取文本中的日期，假设文本的日期格式为"月/日/年"，创建一个匹配规则来匹配这样的日期格式。

```python
import spacy
from spacy.matcher import Matcher
# 加载中文模型
nlp = spacy.load("zh_core_web_sm")
# 创建一个 Matcher 对象
matcher = Matcher(nlp.vocab)
# 定义一个匹配规则, 匹配日期格式"月/日/年"
pattern = [
    {"POS": "NUM"},                   # 匹配一个数字
    {"POS": "PUNCT", "TEXT": "/"},    # 匹配分隔符"/"
    {"POS": "NUM"},                   # 匹配一个数字
    {"POS": "PUNCT", "TEXT": "/"},    # 匹配分隔符"/"
    {"POS": "NUM"}                    # 匹配一个数字
]
# 为 Matcher 加入模板
matcher.add("DATE_PATTERN", [pattern])
# 处理文本
text = "会议将于 2023 年 12 月 3 日举行。"
doc = nlp(text)
# 在 Doc 对象上调用 Matcher
```

```
matches = matcher(doc)

# 遍历所有的匹配结果

for match_id, start, end in matches:

    # 获取匹配的截取

    matched_span = doc[start:end]

    print(matched_span.text)
```

在这个例子中，由于我们假设日期格式为"月/日/年"，因此我们首先在匹配规则中定义了三个数字和两个分隔符"/"；然后在一个中文文档上使用 Matcher 查找匹配的规则，并遍历所有的匹配结果；最后对应每个匹配结果打印出了匹配到的文本片段。

通过这种方式，我们可以根据具体的需求来定义匹配规则，从而从文本中提取出有用的信息。

2.4.2　文本匹配

在 spaCy 的 Matcher 中，除了使用运算符和量词定义匹配模板，还可以使用多种词符属性和运算符来创建复杂的匹配规则，比如文本（TEXT）匹配，即使用{"TEXT": "value"}来精确匹配词符的文本。

下面的例子展示了如何使用 Matcher 来精确匹配文本中完整的 iOS 版本。

```
import spacy

from spacy.matcher import Matcher

# 加载中文模型

nlp = spacy.load("zh_core_web_sm")

matcher = Matcher(nlp.vocab)

doc = nlp(
```

```
        "升级 iOS 之后，我们并没有发现系统设计有很大的不同，远没有当年 iOS
7 发布带来的焕然一新的感觉。大部分 iOS 11 的设计与 iOS 10 保持一致。但我们仔
细试用后也发现了一些小的改进。"
)
# 定义一个模板来匹配完整的 iOS 版本 ("iOS 7", "iOS 11", "iOS 10")
pattern = [{"TEXT": "iOS"}, {"IS_DIGIT": True}]
# 把模板加入 Matcher，将 Matcher 应用到 Doc 对象上
matcher.add("IOS_VERSION_PATTERN", [pattern])
matches = matcher(doc)
# 打印总匹配数量
print("Total matches found:", len(matches))
# 遍历所有的匹配，打印 Span 对象中的文本
for match_id, start, end in matches:
    # 获取匹配的截取
    matched_span = doc[start:end]
    print("Match found:", matched_span.text)
```

在这个例子中，我们首先使用了 nlp.vocab()初始化 Matcher 对象，并创建
了一个模板来匹配"iOS"后面紧跟着一个数字的词符，这个模板可以匹配到
"iOS 7"、"iOS 11"和"iOS 10"这样的词组；然后使用了 matcher.add()方法将
模板添加到 Matcher 中，并在 Doc 对象上使用了 Matcher 查找匹配的规则；最
后遍历了所有的匹配结果，并打印出了所有匹配到的文本片段。

代码的输出结果如下。

```
Total matches found: 3
Match found: iOS 7
```

```
Match found: iOS 11

Match found: iOS 10
```

2.4.3　词性匹配

在 spaCy 的 Matcher 中，除了使用文本匹配定义匹配模板，还可以使用词性匹配（POS）来匹配具有特定词性的词符，即{"POS": "value"}。例如，要找到形容词，可以使用{"POS": "ADJ"}；要找到名词，可以使用{"POS": "NOUN"}。

在中文文本上查找特定的词组或者短语，如不同格式的"下载"（词符的原词是"download"），后面跟着一个词性是"PROPN"（专有名词）的词符，即"下载某软件"，使用如下代码定义匹配模板。

```
import spacy

from spacy.matcher import Matcher

nlp = spacy.load("zh_core_web_sm")

matcher = Matcher(nlp.vocab)

doc = nlp(

    "我之前下载过 Dota，但是根本打不开游戏，怎么办？"

    "我下载的是 Minecraft  Windows 版，是一个.zip 的文件夹，我用默认
软件做了解压缩……我是不是还需要下载 Winzip？"

)

# 写一个模板来匹配"下载"加一个代词

pattern = [{"TEXT": ____}, {"POS": ____}]

# 把模板加入 Matcher，把 Matcher 应用到 Doc 对象上

matcher.add("DOWNLOAD_THINGS_PATTERN", [pattern])

matches = matcher(doc)
```

```
print("Total matches found:", len(matches))

# 遍历所有的匹配，打印 Span 对象中的文本

for match_id, start, end in matches:

    print("Match found:", doc[start:end].text)
```

代码的输出结果如下。

```
Total matches found: 2

Match found: 下载 Dota

Match found: 下载 Minecraft
```

在 spaCy 的 Matcher 中，可以使用 LEMMA 属性定义一个词符的原词，从而匹配不同的词形变体。例如，要匹配词根为 "be" 的词符，可以使用 {"LEMMA": "be"} 来匹配所有形式为 "be" 的词符，如 "is"、"was" 和 "being"；要找到专有名词，可以使用 POS 标签来匹配所有词性为 "PROPN" 的词符。其中，"PROPN" 通常用于表示专有名词，如人名、地名和组织名。

下面的例子展示了如何定义一个可以找到形容词（"ADJ"）后面跟着一个或者两个名词 "NOUN"（一个名词和另一个可能有的名词）的匹配模板。

```
import spacy

from spacy.matcher import Matcher

nlp = spacy.load("zh_core_web_sm")

matcher = Matcher(nlp.vocab)

doc = nlp(

    "这个 App 的特性包括优雅设计、快捷搜索、自动标签及可选声音。"

)

# 定义一个模板：形容词加上一个或者两个名词
```

```
pattern = [{"POS": ____}, {"POS": ____}, {"POS": ____, "OP":
____}]

# 把模板加入 Matcher，把 Matcher 应用到 Doc 对象上

matcher.add("ADJ_NOUN_PATTERN", [pattern])

matches = matcher(doc)

print("Total matches found:", len(matches))

# 遍历所有的匹配，打印 Span 对象中的文本

for match_id, start, end in matches:

    print("Match found:", doc[start:end].text)
```

代码的输出结果如下。

```
Total matches found: 4

Match found: 优雅设计

Match found: 快捷搜索

Match found: 自动标签

Match found: 可选声音
```

本章介绍了如何使用 spaCy 定义匹配模板，以进行文本分析和信息提取。spaCy 是一个非常强大的工具，它不仅能处理简单的文本，还能处理更高级的文本分析任务，如分析文本的情感倾向，判断文本是正面、负面还是中性的，以及识别文本中的主题（如确定文本主要讨论的是科技、政治还是其他主题）。

接下来让我们一起深入了解 spaCy，探索更多的可能性，解决更复杂的文本分析问题。

第 **3** 章

信息提取

spaCy 是一个高效的 Python NLP 库，它使用一系列的数据结构来表示和处理文本数据。本章将介绍 spaCy 的数据结构及其特性，并结合统计模型和规则模型，从未经处理的语料中提取特定的信息。

3.1 数据结构的基本概念

在前面的章节中，我们已经学习了使用 spaCy 进行基本的文本处理，包括分词、词性标注、依存关系解析和命名实体识别。接下来将深入了解 spaCy 的数据结构，以及 spaCy 处理和存储文本数据的方法。

spaCy 数据结构的基本概念如下。

（1）Vocab（词汇表）：Vocab 是 spaCy 中的核心数据结构，它存储了所有处理文本时遇到的词汇的统计信息和特征，包含词性标注器、命名实体识别器等组件所需的数据和模型。Vocab 还包含一个 StringStore，用于存储文档中出现的所有唯一字符串的哈希值。

（2）StringStore（字符串库）：StringStore 是 Vocab 的一部分，它是一个高效的字符串存储机制，能够将字符串映射为唯一的整数哈希值，并允许开发者通过这个哈希值快速检索字符串。

（3）Lexeme（语素）：Lexeme 是 Vocab 中的一个条目，它代表一个单词的基本形式。每个 Lexeme 都包含与语境无关的词汇信息，如单词的文本、哈希值、是否为字母或数字等属性。

（4）Doc（文档）：Doc 是经 spaCy 处理的文本的容器，它表示一个或者多个句子。

（5）Token（词符）：Token 是 Doc 对象中的一个元素，它表示文本中的一个单词或者标点符号。Token 与 Lexeme 相关联，Lexeme 提供了单词的基础信息。

（6）Span（截取）：Span 是 Doc 对象中的一个范围，它表示文档中的一个子序列，如一个短语或句子。

这些数据结构共同构成了 spaCy 的文本处理管道，使从原始字符串到结构化数据的转换变得高效和准确，进而使 spaCy 能够为高级语言任务提供强大的支持，如信息提取、文本分类和机器翻译等。下面将详细介绍这些数据结构。

3.2　词汇表、字符串库和语素

在 spaCy 中，Vocab（词汇表）、Lexeme（语素）和 StringStore（字符串库）是紧密相关的核心组件。Vocab 是 spaCy 中的核心数据结构，它存储了所有处理文本时遇到的不同词汇的统计信息和特征。Lexeme 是 Vocab 中的一个条目，它代表一个单词的基本形式，而不考虑这个单词在特定语境中的用法。当 spaCy 处理文本并创建 Token 对象时，每个 Token 对象都会关联一个 Lexeme，这个 Lexeme 提供了单词的基础信息。StringStore 的映射机制有助于节省内存，因为字符串只需存储一次，即可通过整数哈希值快速访问。

在 spaCy 中，每个独特的字符串都有一个对应的哈希值。哈希值通常比原始字符串占用更少的内存，并且具有更快的计算速度，这使得 spaCy 在处理大量文本时更加高效。哈希值被存储在 Vocab 的 StringStore 中，可以从 StringStore 中引用，用于快速查找和比较字符串。

总的来说，Vocab 是 spaCy 的核心数据结构，用于存储和处理词汇信息；哈希值是用于高效存储和引用字符串的整数；StringStore 负责存储和检索字符串的哈希值；Lexeme 是 Vocab 中的元素，代表一个单词的基本形式和与语境无关的信息，如图 3-1 所示。

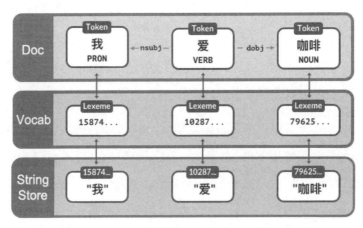

图 3-1　Vocab、哈希值、StringStore 和 Lexeme

在 spaCy 中，Doc 对象是经过处理的文本的容器，它不仅包含语境中的词汇（词符或者 Token），还包含它们的词性标签、依存关系标签、实体标签等信息。在图 3-1 中，"我""爱""咖啡"这 3 个词符是 Doc 对象的一部分，每个词符都带有其在句子中的具体用法信息。每个词符（Token）都对应一个 Lexeme，该 Lexeme 保存了词汇的哈希 ID 和其他与语境无关的信息。

要获取某个词符的文本表示，需要在 StringStore 中查找其哈希值。这个查找过程是高效的，因为 spaCy 直接通过整数 ID 访问字符串，而不需要存储每个词符完整的文本副本。这种方法有助于减少内存使用并加快处理速度。

3.2.1 词汇表和字符串库

spaCy 将所有数据都存储在一个词汇表中。这个词汇表不仅包含大量的词汇，还包含标注和实体的标注方案。为了节省内存，spaCy 会将所有字符串都编码为哈希值，并只在 StringStore 中通过 nlp.vocab.strings 存储一次。StringStore 是一个双向的查询表。

Vocab 用于存储和处理文档中所有的词汇数据，包括单词、标点符号、短语和实体等。Vocab 对象包含词汇的统计信息、字符串到整数的映射（用于哈希字符串以节省内存），以及用于词性标注和命名实体识别的模型。在 spaCy 中，每个加载的语言模型都有一个与之关联的 Vocab 对象，这个对象会在整个处理过程中被共享和重用。具体代码如下。

```
nlp.vocab.strings.add("咖啡")

coffee_hash = nlp.vocab.strings["咖啡"]

coffee_string = nlp.vocab.strings[coffee_hash]
```

提供词汇表，代码如下。

```
# 如果该字符串从未出现过，则会报错

string = nlp.vocab.strings[7962530705879205333]
```

由于 spaCy 会将所有的字符串都编码为哈希值，因此如果一个词出现多次，那么不需要每次都存储完整的字符串。相反地，spaCy 会使用哈希函数生成一个 ID，并将这个 ID 与对应的字符串一起在 StringStore 中存储一次。nlp.vocab.strings 是 nlp.vocab 的一部分。

StringStore 允许开发者查找一个字符串以获取其哈希值，以及查找一个哈希值以获取其字符串值。spaCy 内部所有的信息交流都是通过哈希 ID 进行的。然而，由于哈希 ID 不能逆求解，因此如果一个词不在词汇表里，则开发者无法获取其字符串。这就是每次都需要传递词汇表的原因。

下面的例子展示了如何在 nlp.vocab.strings 中查找字符串及其对应的哈希值。

```
doc = nlp("我爱喝咖啡。")
print("hash value:", nlp.vocab.strings["咖啡"])
print("string value:", nlp.vocab.strings[7962530705879205333])
```

代码的输出结果如下。

```
hash value: 7962530705879205333

string value: 咖啡
```

注意，我们也可以直接通过 Doc 实例来调取词汇表和字符串。

```
doc = nlp("我爱喝咖啡。")
print("hash value:", doc.vocab.strings["咖啡"])
```

代码的输出结果如下。

```
hash value: 7962530705879205333
```

综上所述，我们可以在 nlp.vocab.strings 中查找字符串的哈希值，也可以对哈希值进行查询，以获取与其对应的字符串，或者直接使用 Doc 实例调取词汇表和字符串。

3.2.2　语素

语素在语言学和自然语言处理中是一个抽象的词汇单位，它代表一个单词的基本形式，而不考虑这个单词在特定语境中的具体用法。在 spaCy 中，Lexeme 对象是词汇表中的一个条目，它包含与语境无关的语素信息，如单词的文本、哈希值、是否为字母等属性。

例如，单词"run"作为一个 Lexeme，代表所有"run""runs""running"
"ran"等形式的基础概念。在 spaCy 中，每个独特的语素都有一个对应的
Lexeme 对象，这个对象包含该语素的静态属性，但不包含它在句子中的具体
用法（如词性、依存关系等）。

在 spaCy 中，每个 Token 对象都关联着一个 Lexeme 对象，这个 Lexeme
对象提供了该 Token 的基础词汇信息。通过这种方式，spaCy 能够高效地处理
和存储词汇信息，同时保持不同语境下单词用法的灵活性。

我们来看一个例子。

```
doc = nlp("我爱喝咖啡。")

lexeme = nlp.vocab["咖啡"]

# 打印词汇的属性

print(lexeme.text, lexeme.orth, lexeme.is_alpha)
```

代码的输出结果如下。

```
咖啡 7962530705879205333 True
```

注意，Lexeme 实例包含这个词与语境无关的信息。这些信息包括词本身
的文本（lexeme.text）和词的哈希值（lexeme.orth），以及词汇的属性，如
lexeme.is_alpha。Lexeme 实例并不包含与语境相关的词性标签、依存关系标签
或者实体标签等与语境关联的信息。

Lexeme 是词汇表中和语境无关的元素。只要在词汇表中查询一个字符串
或者一个哈希 ID 就会获得一个 Lexeme。Lexeme 可以暴露出一些属性，就像
词符一样，代表一个词与语境无关的信息，比如文本本身，或者这个词是否只
包含字母。

3.2.3 转换

为了优化内存，spaCy 采用了将所有字符串编码为哈希值的技术。这个过程主要包括两个关键部分：字符串与哈希值之间的转换，以及字符串标签与哈希值之间的转换。

1. 字符串与哈希值之间的转换

对于字符串与哈希值之间的转换，spaCy 提供了一个便捷的方式来相互映射。以下是一个具体的例子，展示了如何进行这种转换。

（1）在 nlp.vocab.strings 中查找字符串"猫"来得到其哈希值。

（2）使用这个哈希值来查找并返回原始字符串。

```python
import spacy

nlp = spacy.load("zh_core_web_sm")

doc = nlp("我养了一只猫。")

# 查找字符串"猫"的哈希值

cat_hash = nlp.vocab.strings["猫"]

print(cat_hash)

# 使用哈希值来查找并返回原始字符串

cat_string = nlp.vocab.strings[cat_hash]

print(cat_string)
```

代码的输出结果如下。

```
12262475268243743508

猫
```

在 spaCy 中，nlp.vocab.strings 被设计得类似于一个普通的 Python 字典，

它允许开发者轻松地对字符串及其对应的哈希值进行转换。当查询一个字符串（如 nlp.vocab.strings["独角兽"]）时，nlp.vocab.strings 会返回该字符串对应的哈希值。当查询一个哈希值（如 nlp.vocab.strings[unicorn_value]）对应的原始字符串时，也可以使用同样的方式，nlp.vocab.strings 会返回原始字符串，即"独角兽"。

使用 nlp.vocab.strings 能够在处理大量文本数据的同时有效地节省内存，并保证操作的便捷性，让开发者能够以直观的方式处理字符串和哈希值。

参考代码如下。

```
# 查找字符串"独角兽"的哈希值

unicorn_hash = nlp.vocab.strings["独角兽"]

print(unicorn_hash)

# 使用哈希值来查找并返回原始字符串

unicorn_string = nlp.vocab.strings[unicorn_hash]

print(unicorn_string)
```

2. 字符串标签与哈希值之间的转换

在自然语言处理中，字符串标签通常指的是用来标记或者分类文本数据中特定的单词、短语或句子的简短字符串。这些标签通常代表某种预定义的类别或者属性，用于指示数据中的某种特征或者信息。例如，在命名实体识别任务中，字符串标签可以用来标识文本中的特定实体，如人名、地点、组织等。字符串标签的例子如下。

- 命名实体识别：PER（人物）、LOC（地点）、ORG（组织）等。

- 词性标注：NN（名词）、VB（动词）、JJ（形容词）等。

- 情感分析：POS（正面）、NEG（负面）、NEU（中性）等。

- 文本分类：SPORTS（体育）、BUSINESS（商业）、SCIENCE（科学）等。

在 spaCy 中，字符串标签通常与特定的整数哈希值相关联，以便在内部进行高效处理。使用这些哈希值可以快速地引用标签，同时节省内存空间。当需要将哈希值转换回字符串标签时，可以通过 nlp.vocab.strings 来实现。下面的例子展示了如何进行这种转换。

（1）在 nlp.vocab.strings 中查找字符串标签"人物"来得到其哈希值。

（2）使用这个哈希值来查找并返回原始的字符串标签。

```
from spacy

nlp = spacy.load("zh_core_web_sm")

doc = nlp("周杰伦是一个人物。")

# 查找标签是"人物"的字符串的哈希值

person_hash = ____.____.____[____]

print(person_hash)

# 使用 person_hash 来查找并返回原始的字符串标签

person_string = ____.____.____[____]

print(person_string)
```

代码的输出结果如下。

```
16486493800568926464

人物
```

在 spaCy 中，Vocab 负责存储和管理语言模型中的词汇信息，包括单词、短语、标记等。每个词汇表都包含了一种语言中可能出现的所有词汇的列表，以及与这些词汇相关联的统计数据和哈希值。

在上述转换中，如果对一个词汇表中不存在的语素调取哈希值，则会产生错误。这是因为 spaCy 期望所有的语素都在词汇表中有一个对应的条目，这样它才能正确地处理和解释文本数据。如果一个语素不在词汇表中，则 spaCy 无法为其生成一个有效的哈希值，因为这会破坏哈希值与词汇表条目之间的一一对应关系。

在下面的例子中，在德语的 Vocab 中使用英语 Vocab 生成的哈希值来查找字符串。由于每个 Vocab 实例都有自己独特的字符串到哈希值的映射，因此不同语言的 Vocab 实例对哈希值是不兼容的，任何字符串都可以被转换为哈希值，不论它是否是某种语言中的正常词语。每个 Vocab 实例都是独立的，与变量名无关。因为字符串"Bowie"不在德语的 Vocab 中，所以不能把哈希值转换为原始字符串。综上所述，在 spaCy 中，哈希值是与特定的 Vocab 实例相关联的，因此在不同 Vocab 实例之间直接使用哈希值会产生错误。

```python
import spacy
# 创建一个英文和德文的 nlp 实例
nlp = spacy.blank("en")
nlp_de = spacy.blank("de")
# 获取字符串"Bowie"的 ID
bowie_id = nlp.vocab.strings["Bowie"]
print(bowie_id)
# 在 Vocab 中查找"Bowie"的 ID
print(nlp_de.vocab.strings[bowie_id])
```

为了解决上述问题，当语素不在词汇表中时，需要将其添加到词汇表中。这通常可以通过处理包含该语素的文本或者显式地将该语素添加到词汇表中来实现。一旦语素被添加到词汇表中，spaCy 就能够为其生成一个哈希值，并正确地处理包含该语素的文本。

3.3 文档、截取和词符

前面已经介绍了词汇表和字符串库，接下来介绍 spaCy 中最核心的 3 个数据结构：文档、词符和截取。

（1）Doc（文档）：Doc 是 spaCy 中处理文本的主要方式，它表示一个已经处理过的文本。Doc 包含一个词符（Token）列表，即 Doc 由多个 Token 组成。每个 Token 都代表文本中的一个单词、标点符号或者其他语言单位，提供了访问单词的词性、依存关系、实体标签等信息的方法，开发者可以像处理列表一样处理 Token。

（2）Token（词符）：Token 是 Doc 的组成部分，它表示文本中的一个单词或者标点符号。每个 Token 都包含关于令牌的多种信息，如文本、词性、依存关系、实体标签等，并提供了访问和操作这些信息的方法。

（3）Span（截取）：Span 是 Doc 的一个子集，它表示文本中的一个连续的片段，由开始和结束的 Token index 定义，提供了访问片段的词性、依存关系、实体标签等信息的方法，开发者可以访问和操作这个片段内的文本和属性。

Doc 和 Span 是 spaCy 中非常强大的数据结构，它们能够存储与词语和句子相关的大量资料和关系。为了充分利用 Doc 和 Span，开发者需要注意以下几点。

（1）在利用 Doc 和 Span 的强大功能之前，要对这些数据结构进行优化，从而更高效地获取词汇和句子的所有资料和关系。

（2）延迟字符串转换：在输出字符串时，要确保在最后阶段才转换 Doc 实例，过早转换会丢失所有词符之间的关系。

（3）使用原生词符属性：为了保证一致性，尽量使用原生词符属性来表示词符索引，如 token.i。

（4）传入词汇表：在创建 Doc 和 Span 时，要确保将其传入词汇表，以便正确地处理和存储文本数据。

3.3.1　文档及其创建

在 spaCy 中，Doc 是处理文本的核心数据结构。当使用 nlp 实例处理文本时，Doc 对象会被自动创建，开发者也可以手动创建一个 Doc 对象。

首先，创建一个 nlp 实例；然后，从 spacy.tokens 模块中导入 Doc 类。下面的例子展示了如何手动创建一个 Doc 对象。

```
import spacy
from spacy.tokens import Doc
# 创建一个英文的 nlp 实例
nlp = spacy.blank("en")
# 从 spacy.tokens 中导入 Doc 类
from spacy.tokens import Doc
# 创建一个词汇表实例
vocab = nlp.vocab
# 定义 3 个词和一个空格列表
words = ["Hello", "world", "!"]
spaces = [True, True, False]
# 手动创建一个 Doc 对象
doc = Doc(vocab, words=words, spaces=spaces)
# 打印 Doc 对象
print(doc)
```

在这个例子中，我们用了 3 个词（"Hello"、"world" 和 "!"）和一个布尔值列表（[True, True, False]）来创建一个 Doc 对象。这个布尔值列表代表每个词符后面是否有空格。在 spaCy 中，每个 Token 对象都有这个信息，包括最后一个词符。

Doc 类有 3 个主要参数。

（1）vocab：这个参数是一个 Vocab 对象，它包含所有已知的单词及其属性，如词性、向量表示等。

（2）words：这个参数是一个单词列表，表示 Doc 对象中的所有词符。

（3）spaces：这个参数是一个布尔值列表，表示每个词符后面是否有空格。

通过这 3 个参数，我们可以手动创建一个 Doc 对象，并做进一步的语言分析。

在 spaCy 中，Doc 既是类也是对象。作为类，Doc 是一个定义在 spacy.tokens 模块中的 Python 类，它用于创建和处理文本数据。Doc 类定义了 Doc 对象的结构和行为，包括如何存储文本、如何访问和处理文本中的词符（Token 对象），以及如何进行语言分析（如词性标注、依存关系解析等）。作为对象，Doc 是 Doc 类的一个实例，它表示一个具体的、已经处理过的文本。当使用 spaCy 的 nlp 实例处理一段文本时，Doc 类会被实例化，即创建一个 Doc 对象。这个对象包含文本的所有相关信息，如词符、词性、依存关系等。

简而言之，Doc 类是蓝图，而 Doc 对象是根据这个蓝图创建的具体实例。

接下来用两个例子来演示如何创建一个 Doc 对象。

1. 简单句子

创建一个包含句子 "spaCy is cool!" 的 Doc 对象，代码如下。

```
import spacy

from spacy.tokens import Doc

# 加载英文模型

nlp = spacy.blank("en")

# 目标文本："spaCy is cool!"

words = ["spaCy", "is", "cool", "!"]

spaces = [True, True, False, False]

# 使用 words 和 spaces 创建一个 Doc 对象

doc = Doc(nlp.vocab, words=words, spaces=spaces)

# 打印 Doc 对象的字符串形式

print(doc.text)
```

在这段代码中，我们首先加载了英文模型；然后从 spacy.tokens 模块中导入了 Doc 类；接着定义了目标文本中的单词列表 words 和空格列表 spaces；最后使用这些列表创建了一个 Doc 对象，并打印出了该对象的字符串形式。

代码的输出结果如下。

```
spaCy is cool!
```

在这个例子中，Doc 类需要 3 个参数：共享的词汇表（通常是 nlp.vocab），一个 words 列表，以及一个 spaces 列表（包含一系列布尔值，表示对应词汇后面是否有空格）。

2．有空格的句子

在 spaces 列表中，每个布尔值都表示对应词汇后面是否有空格。例如，在创建一个包含句子"Go, get started!"的 Doc 对象时，第一个词"Go"的后面没有空格，因此 spaces[0]是 False，而逗号后面有一个空格，所以 spaces[1]是

True，以此类推，代码如下。

```
import spacy

from spacy.tokens import Doc
# 加载英文模型

nlp = spacy.blank("en")
# 目标文本："Go, get started!"

words = ["Go", ",", "get", "started", "!"]

spaces = [False, True, True, False, False]
# 使用 words 和 spaces 创建一个 Doc 对象

doc = Doc(nlp.vocab, words=words, spaces=spaces)
# 打印 Doc 对象的字符串形式

print(doc.text)
```

代码的输出结果如下。

```
Go, get started!
```

这里要特别注意标点符号等单独的词符。

3.3.2 截取及其创建

在 spaCy 中，Span 是一个表示文档中一段连续文本的数据结构。一个 Span 对象包含一个或者多个 Token 对象，它是对 Doc 对象的一个截取。

Span 类至少有 3 个主要参数。

（1）对应的 Doc：由于 Span 对象是 Doc 对象的一个子集，因此需要一个 Doc 对象作为其上下文。

（2）起始索引：这个参数是一个整数，表示 Span 在 Doc 中开始的 Token 的索引。

（3）终止索引：这个参数也是一个整数，表示 Span 在 Doc 中结束的 Token 的索引。需要注意的是，终止索引所代表的 Token 不包含在 Span 内。

下面的例子展示了如何从 Doc 对象中创建一个 Span 对象。

```
import spacy
# 加载英文模型
nlp = spacy.load("en_core_web_sm")
# 处理文本
doc = nlp("Hello, world! This is a test.")
# 创建一个 Span 对象
# 假设要截取从 "Hello" 到 "world" 的文本
span = doc[0:2]  # 包含索引 0 和 1 的 Token，即 "Hello" 和 ", world"
# 打印 Span 对象
print(span)
```

在这个例子中，span 是一个 Span 对象，它包含 Doc 对象中索引为 0 和 1 的 Token 对象，即 "Hello" 和 ", world"。注意，索引 2（即 "!"）不包含在 Span 对象内。Span 示例如图 3-2 所示。

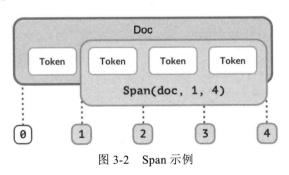

图 3-2　Span 示例

要手动创建一个 Span 对象，首先需要从 spacy.tokens 模块中导入 Span 类；然后使用 Doc 对象、Span 对象的起始索引和终止索引，以及一个可选的标签参数来初始化这个 Span 对象。此外，doc.ents 属性是可写的，这意味着开发者可以用一个 Span 对象列表来覆盖它，从而手动添加实体。

下面的例子展示了如何手动创建一个 Span 对象并将其添加到 doc.ents 中。

```python
import spacy

from spacy.tokens import Doc, Span

# 加载英文模型

nlp = spacy.load("en_core_web_sm")

# 创建 Doc 所需的词汇和空格

words = ["Hello", "world", "!"]

spaces = [True, False, False]

# 手动创建一个 Doc 对象

doc = Doc(nlp.vocab, words=words, spaces=spaces)

# 手动创建一个 Span 对象

span = Span(doc, 0, 1)  # 包含索引 0 和 1 的 Token，即"Hello"和"world"

# 创建一个带标签的 Span 对象

span_with_label = Span(doc, 0, 1, label="GREETING")

# 注意，终止索引应该是 1，因为不包含索引 2 的 Token

# 把 Span 对象添加到 doc.ents 中

doc.ents = [span_with_label]

# 打印 doc.ents

print(doc.ents)
```

在这个例子中，我们首先手动创建了一个 Doc 对象；然后创建了一个 Span 对象，它包含索引为 0 和 1 的 Token 对象，即 "Hello" 和 "world"；接着创建了一个带标签 "GREETING" 的 Span 对象，并将其添加到了 doc.ents 中。这样 "Hello world" 就被识别为了一个实体，并且具有 "GREETING" 这个标签。

下面的例子演示了创建 Doc 和 Span 对象的具体步骤。

（1）从 spacy.tokens 中导入 Doc 和 Span 类。

（2）使用 Doc 类的 words 和 spaces 直接创建一个 Doc 对象。

（3）使用 Doc 对象创建一个 Span 对象（这里是 "周杰伦"），并赋予它 "PERSON" 的标签。

（4）使用一个实体的列表，也就是 "周杰伦" span，来覆盖 doc.ents。

```
import spacy

nlp = spacy.blank("zh")

# 导入 Doc 和 Span 类

from spacy.tokens import Doc, Span

words = ["我", "喜欢", "周", "杰伦"]

spaces = [False, False, False, False]

# 用 words 和 spaces 创建一个 Doc 对象

doc = Doc(nlp.vocab, words=words, spaces=spaces)

print(doc.text)

# 为 Doc 对象中的 "周杰伦" 创建一个 Span 对象，并赋予其 "PERSON" 的标签

span = Span(doc, 2, 4, label="PERSON")

print(span.text, span.label_)

# 把这个 Span 对象添加到 Doc 对象的实体中
```

```
doc.ents = [span]

# 打印所有实体的文本和标签

print([(ent.text, ent.label_) for ent in doc.ents])
```

注意，Doc 类用 3 个参数来初始化：词汇表（如 nlp.vocab）、一个 words 列表，以及一个包含一系列布尔值的 spaces 列表（代表了每个词后面是否有空格）。Span 类用 4 个参数来初始化：一个 Doc 的引用、起始索引、终止索引，以及一个可选的标签。doc.ents 属性是可写的，因此我们可以赋予它任何含有 Span 对象的可遍历的数据结构。

代码的输出结果如下。

```
我喜欢周杰伦

周杰伦 PERSON

[('周杰伦', 'PERSON')]
```

在后续学习信息提取的时候，我们会发现手动创建 spaCy 的实例并改变其中的实体是非常方便和有用的。

3.3.3　词符及其创建

词符提供了丰富的属性，如 pos_（词性）、text（文本）、lemma_（词干）、dep_（依存关系）等，这些属性允许我们对文本进行遍历、查询等操作，这是字符串所不具备的。词符对象通常与文档中的其他词符相关联，比如依存关系、实体标签等，这些信息有助于开发者理解词符在句子中的含义。

词符对象在内存中占用的空间较少，可以高效地进行索引等操作，这在处理大型文本数据时尤为重要。使用词符可以确保代码的一致性，使得文本处理流程更加清晰和易于理解。词符对象允许我们灵活地定义和操作文本数据，如创建新的 Doc 对象、修改实体标签等。

使用词符数据结构是进行高效的文本处理的最佳实践。通过充分利用词符提供的功能，开发者可以更好地理解和处理文本数据，从而在自然语言处理任务中获得更好的效果。

下面的例子展示了如何从 spaCy 文档中获取所有的词符和词性标签，并遍历这些词符，以检查它们是否是专有名词，以及是否紧跟着一个动词。

```python
import spacy

nlp = spacy.load("zh_core_web_sm")

doc = nlp("北京是一座美丽的城市")

# 获取所有的词符和词性标签

token_texts = [token.text for token in doc]

pos_tags = [token.pos_ for token in doc]

for index, pos in enumerate(pos_tags):

    # 检查当前词符是否是专有名词

    if pos == "PROPN":

        # 检查下一个词符是否是动词

        if pos_tags[index + 1] == "VERB":

            result = token_texts[index]

            print("Found proper noun before a verb:", result)
```

这段代码遍历了 pos_tags 列表，并检查了每个词符的词性标签。如果当前词符是专有名词（pos == "PROPN"），并且它后面的词符是动词（pos_tags[index + 1] == "VERB"），则表示我们找到了一个后面紧跟着动词的专有名词，将这个专有名词的文本打印出来。

在这段代码中，需要注意以下内容。

（1）result 词符应该要转换回一个 Token 实例，这样就可以在 spaCy 中重用它了。我们应该避免将词符（Token）转换回字符串，否则会丢失词符的属性和关系信息，这些信息在后续的文本处理中可能是有用的。

（2）代码使用了一个字符串的列表而不是原生的词符属性。这样不仅会影响效率，也不能表达复杂的关系，因为字符串列表不包含词符的详细信息，如词性、依存关系等。

（3）我们不应该用 pos_ 来做专有名词提取，而应该使用 tag_、NNP 和 NNS 这几种标签。pos_ 属性返回的是粗粒度的词性标注结果，而 PROPN 是正确的专有名词标签。在中文中，专有名词的标注可能与英文有所不同，但在大多数情况下，pos_ 属性中的 PROPN 标签可以用来识别专有名词。

总的来说，我们应该使用原生的词符属性进行文本处理，而不应该依赖于字符串列表。这样可以保证代码的效率和可维护性，同时充分利用词符提供的丰富信息。

接下来使用原生的词符属性来重写以上代码，而不是使用 token_texts 和 pos_tags 的列表。

```python
import spacy

nlp = spacy.load("zh_core_web_sm")

doc = nlp("北京是一座美丽的城市。")

# 遍历所有的词符

for token in doc:

    # 检查当前词符是否是一个专有名词

    if token.pos_ == "PROPN":

        # 检查下一个词符是否是一个动词
```

```
        if doc[token.i + 1].pos_ == "VERB":
            print("找到了动词前面的一个专有名词:", token.text)
```

代码的输出结果如下。

```
找到了动词前面的一个专有名词：北京
```

在这段代码中，我们直接遍历了 Doc 对象中的每一个 Token 对象，并检查了其 token.pos_ 属性。通过 doc[token.i + 1]，我们可以轻松地访问下一个词符，并检查其 pos_ 属性。如果找到一个专有名词（PROPN）后面紧跟着一个动词（VERB），则打印出这个专有名词的文本。

这种方法避免了创建额外的字符串列表，直接在 Doc 对象上操作，保证了代码的简洁性和效率。同时，它也确保了我们能够访问和利用词符的完整属性，如词性、依存关系等。

虽然以上代码表现得还不错，但如果 Doc 由一个专有名词结尾，那么尝试访问 doc[token.i + 1] 会导致索引超出范围，从而引发错误。为了保证代码的健壮性，我们应该在尝试访问下一个词符之前检查索引是否有效。

以下是改进后的代码，添加了对索引有效性的检查。

```
import spacy

nlp = spacy.load("zh_core_web_sm")

doc = nlp("北京是一座美丽的城市。")

# 遍历所有的词符

for token in doc:

    # 检查当前词符是否是一个专有名词

    if token.pos_ == "PROPN":

        # 检查下一个词符是否是一个动词
```

```
        if token.i + 1 < len(doc) and doc[token.i + 1].pos_
== "VERB":
            print("找到了动词前面的一个专有名词:", token.text)
```

在这段改进的代码中，我们在 doc[token.i + 1]之前添加了 token.i + 1 < len(doc)的检查。这样即使 Doc 由一个专有名词结尾，这段代码也能被正确地处理，而不会引发错误。这种做法增强了代码的鲁棒性，使其能够更好地适应不同的文本输入。

3.4　综合实践——比对相似度

在 spaCy 中，相似度的计算主要基于以下几个方面。

（1）词向量：词向量提供了词汇的分布式表示，可以捕捉词汇的语义信息。

（2）余弦相似度：spaCy 默认使用余弦相似度来计算两个向量之间的相似度。余弦相似度通过计算两个向量之间的夹角的余弦值来确定。

（3）向量表示：对于包含多个词符的实例（如 Doc 和 Span），其向量值通常是通过计算其中所有词符向量的平均值得到的。

（4）短语的向量表示：短语的向量表示通常比长篇文档更有价值，因为短语中的词汇更加集中，不相关的词较少。

在 spaCy 中，实现相似度计算包括如下步骤。

（1）训练词向量：使用 word2vec 或者其他算法在大量文本数据上训练词向量。

（2）处理文本：使用 Doc 对象处理文本，提取词符，并计算它们的词向量。

（3）计算相似度：计算两个词符、文档或者截取之间的相似度，通常是基于词向量的余弦相似度。

3.4.1 训练词向量

spaCy 是利用词向量来计算文本片段之间的相似度的。词向量（word vectors）是自然语言处理中的一个概念，它能将单词或者短语映射到一个向量空间中。在这个空间中，每个词向量都代表一个单词或者短语的语义信息，向量中的维度通常表示词符的某种属性或者特征。词向量主要有以下特点。

（1）分布式表示：与传统的基于词袋模型的表示方法不同，词向量采用的是分布式的表示方法。这意味着词向量不仅包含词本身的信息，还包含与这个词相关的语义信息。

（2）语义信息：词向量可以捕捉单词之间的语义关系。例如，如果两个词向量在向量空间中非常接近，那么它们在语义上可能是相似的。

（3）上下文无关：早期的词向量（如 WordNet）通常是基于词义词典的，与单词的上下文无关。现代的算法（如 word2vec、GloVe、FastText）通过训练模型来学习词向量，可以包含单词的上下文信息。

（4）维度：词向量的维度可以从几百到几千不等，取决于数据集的大小和复杂程度。

（5）训练方法：词向量可以通过多种方法进行训练，如神经网络语言模型、矩阵分解技术等。

（6）应用：词向量在自然语言处理中有广泛的应用，如文本分类、情感分析、机器翻译、信息检索等。

在 spaCy 中，词向量通常与 Lexeme 对象相关联，可以用来计算词之间的相似度。词向量是词汇的多维度的语义表示，通常通过 word2vec 这样的算法在大规模语料上训练得到。词向量可以是 spaCy 流程的一部分，即在处理文本时自动生成。

词向量是一个多维度的数组，代表词汇的语义信息。在下面的例子中，使用一个含有词向量的较大的流程 en_core_web_md 来处理一段文本"I have a banana"，通过访问 doc[3].vector 属性来获取文本中第 4 个词符（即"banana"中的第一个字母"b"）的词向量并打印出来。

```
import spacy
# 导入一个含有词向量的较大的流程
nlp = spacy.load("en_core_web_md")
doc = nlp("I have a banana")
# 通过 token.vector 属性获取向量
print(doc[3].vector)
```

代码的输出结果如下。

```
[2.02280000e-01,  -7.66180009e-02,   3.70319992e-01,
  3.28450017e-02,  -4.19569999e-01,   7.20689967e-02,
 -3.74760002e-01,   5.74599989e-02,  -1.24009997e-02,
 ......
```

获取词向量是自然语言处理中的一个重要步骤，它涉及查看和理解模型如何将单词映射到多维空间中的向量表示上。获取词向量可以帮助我们了解模型是如何理解和表示单词的。通过观察向量的维度和值，我们可以推测模型捕捉到了单词的哪些特征，也可以验证模型的质量。一个好的词向量模型应该能够捕捉单词的语义和句法关系，如相似的单词应该有相似的向量。通过获取词向量，我们可以发现模型可能存在的问题，如对某些词的误解或者不适当的表示。这有助于我们改进模型和调整训练过程。在开发基于词向量的应用时，获取词向量可以帮助我们选择合适的模型和参数，以及理解应用的性能和局限性。

获取词向量的步骤如下。

（1）加载模型：使用适当的 NLP 库（如 spaCy）加载一个预训练的词向量模型。

（2）处理文本：使用模型处理一段文本，提取词符（Token）。

（3）获取词向量：访问每个词符的向量属性，获取其词向量表示。

（4）分析和可视化：分析词向量的维度和值，有时还可以通过可视化工具（如 T-SNE 或者 PCA）来查看词向量在空间中的分布。

下面的例子展示了如何使用 zh_core_web_md 模型来处理文本，并获取词符"老虎"的词向量。

```python
import spacy
# 加载 zh_core_web_md 模型
nlp = spacy.load("zh_core_web_md")
# 处理文本
doc = nlp("两只老虎跑得快")
# 打印文档中所有的词符
for token in doc:
    print(token.text)
# 获取词符"老虎"的词向量
laohu_vector = doc[2].vector
print(laohu_vector)
```

代码的输出结果如下。

```
两

只

老虎

跑

得

快

5.7924e-01 -2.6305e-01 -1.4191e-01 -5.0995e+00  3.8716e+00
3.5153e+00  ……
```

在这个例子中，我们首先使用 spacy.load()方法加载了中文预训练模型
zh_core_web_md；然后使用这个模型处理了文本"两只老虎跑得快"，并遍历
了文档中所有的词符，打印出了它们的文本；最后获取了词符"老虎"的词向
量，并打印了出来。

在这段代码中，词符"老虎"在文档中的索引是2。因此，我们使用
doc[2].vector 获取了它的词向量。通过这种方式，我们可以检查词向量，了解
模型是如何表示中文词汇的。

3.4.2　处理文本

spaCy 提供了 doc.similarity()、span.similarity()和 token.similarity()方法来
计算两个实例之间的相似度。这些方法需要一个实例作为参数，并返回一个 0
和 1 之间的浮点数，表示两个实例之间的相似度。

使用这些方法的前提是需要一个含有词向量的 spaCy 流程，如
en_core_web_md（中等大小）和 en_core_web_lg（大），但 en_core_web_sm（小）
的词向量的维度较小，因此可能无法提供足够的语义信息来准确计算相似度。

下面的例子展示了如何使用 doc.similarity()方法来计算两个文档实例之间的相似度。

```
import spacy
# 加载中等大小的英文流程
nlp = spacy.load("en_core_web_md")
# 创建两个文档实例
doc1 = nlp("I love to play soccer.")
doc2 = nlp("I enjoy playing football.")
# 计算两个文档实例之间的相似度
similarity = doc1.similarity(doc2)
print(similarity)
```

在这个例子中，我们首先加载了一个中等大小的英文流程 en_core_web_md，并创建了两个文档实例；然后使用 doc.similarity()方法计算出了这两个文档实例之间的相似度，并打印了出来。

相似度的计算结果是一个介于 0 和 1 之间的浮点数。其中，1 表示两个文档实例完全相同，0 表示两个文档实例完全不相同。使用 spaCy 来判断不同文本片段之间的相似度，能够进行更复杂的文本分析。

3.4.3　计算相似度

本节将介绍如何使用 doc.similarity()方法来比较两个文档实例，如何使用 token.similarity()方法来比较两个词符实例，如何使用 span.similarity()方法来比较两个截取实例，以及如何使用类似方法来比较文档与词符实例、截取与文档实例。这些方法可以用来判断不同文本片段之间的相似程度。

1．文档实例的比较

下面的例子展示了如何比较两个英文文档实例。

```
# 读取一个含有词向量的较大的流程

nlp = spacy.load("en_core_web_md")

# 比较两个英文文档实例

doc1 = nlp("I like fast food")

doc2 = nlp("I like pizza")

print(doc1.similarity(doc2))
```

代码的输出结果如下。

```
0.8627204117787385
```

在这段代码中，我们首先加载了一个较大的英文流程 en_core_web_md；然后创建了两个文档实例 doc1 和 doc2，分别包含文本"I like fast food"和"I like pizza"；最后使用 doc1.similarity(doc2)方法计算出了这两个文档实例之间的相似度，并打印了出来。相似度结果为 0.86，表明这两个文档实例在语义上是非常相似的。

接下来用同样的方法比较两个中文文档。

```
import spacy

# 加载一个含有词向量的中文流程

nlp = spacy.load("zh_core_web_md")

# 创建两个中文文档实例

doc1 = nlp("这是一个温暖的夏日")

doc2 = nlp("外面阳光明媚")

# 获取 doc1 和 doc2 的相似度
```

```
similarity = doc1.similarity(doc2)

print(similarity)
```

代码的输出结果如下。

```
0.5488376705728557
```

在这段代码中，我们首先加载了一个含有词向量的中文流程zh_core_web_md；然后创建了两个文档实例 doc1 和 doc2；最后使用doc1.similarity(doc2)方法计算出了这两个文档实例之间的相似度，并打印了出来。相似度结果为 0.55，表明这两个文档实例在语义上是相对相似的。

2．词符实例的比较

下面的例子展示了如何比较两个英文词符实例。

```
# 比较两个词符实例

doc = nlp("I like pizza and pasta")

token1 = doc[2]

token2 = doc[4]

print(token1.similarity(token2))
```

代码的输出结果如下。

```
0.7369546
```

在这段代码中，我们用与上段代码同样的方法创建了一个包含"I like pizza and pasta"的文档，选择了文档中的两个词符实例 token1（"pizza"）和 token2（"pasta"）进行比较，使用 token1.similarity(token2)方法计算出了这两个词符实例之间的相似度，并打印了出来。相似度结果为 0.74，表明这两个词符实例在语义上是相对相似的。

接下来用同样的方法比较两个中文词符实例。

```
import spacy

# 加载一个含有词向量的中文流程

nlp = spacy.load("zh_core_web_md")

# 处理文本

doc = nlp("电影和音乐")

# 遍历文档中的所有词符

for i, token in enumerate(doc):

    print(i, token.text)

# 获取词符实例"电影"和"音乐"的相似度

token1, token2 = doc[0], doc[2]

similarity = token1.similarity(token2)

print(similarity)
```

代码的输出结果如下。

```
0 电影

1 和

2 音乐

0.32749295
```

在这段代码中，我们首先遍历了文档中所有的词符，并打印出了它们的索引和文本；然后获取了词符实例"电影"和"音乐"的相似度，即 0.33，这表明这两个词符实例在语义上是不太相似的。

3. 截取实例的比较

下面的例子展示了如何使用 span.similarity()方法来比较两个截取（Span）

实例的相似度。

```
import spacy
# 加载一个含有词向量的中文流程
nlp = spacy.load("zh_core_web_md")
# 处理文本
doc = nlp("这是一家不错的餐厅。之后我们又去了一家很好的酒吧。")
# 遍历文档中所有的词符
for i, token in enumerate(doc):
    print(i, token.text)
# 给"不错的餐厅"和"很好的酒吧"分别创建 Span
span1 = doc[2:5]
span2 = doc[12:15]
# 获取两个 Span 实例的相似度
similarity = span1.similarity(span2)
print(similarity)
```

代码的输出结果如下。

```
0 这是
1 一家
2 不错
3 的
4 餐厅
5 。
6 之后
```

```
7   我们

8   又

9   去

10  了

11  一家

12  很

13  好的

14  酒吧

15  。

0.68062496
```

在这段代码中，我们首先加载了一个含有词向量的中文流程 zh_core_web_md；接着处理了文本"这是一家不错的餐厅。之后我们又去了一家很好的酒吧。"；然后遍历了文档中所有的词符，并打印出了它们的索引和文本；最后使用 span.similarity()方法计算出了两个截取实例"不错的餐厅"和"很好的酒吧"之间的相似度，即 0.68。

4. 文档实例与词符实例的比较

```
# 比较一个文档实例和一个词符实例

doc = nlp("I like pizza")

token = nlp("soap")[0]

print(doc.similarity(token))
```

代码的输出结果如下。

```
0.32531983166759537
```

这里使用 doc.similarity()方法来计算不同种类的实例（如一个文档实例和

一个词符实例）之间的相似度。在这段代码中，我们计算了 doc1 和 token2 之间的相似度，结果表明这两个实例在语义上差别较大。

上述例子展示了 doc.similarity()和 token.similarity()方法在判断文本片段相似度方面的应用，它们在处理不同种类的实例时具有很好的灵活性。通过这些方法，我们可以有效地比较和分析文本数据，处理更复杂的自然语言处理任务。

5. 截取实例与文档实例的比较

```
# 对比一个截取实例和一篇文档实例

span = nlp("I like pizza and pasta")[2:5]

doc = nlp("McDonalds sells burgers")

print(span.similarity(doc))
```

代码的输出结果如下。

```
0.619909235817623
```

这段代码展示了如何使用 span.similarity()方法来比较一个截取实例和一个文档实例。这个方法可以用来判断文本片段之间的相似程度，即使它们来自不同的上下文。在这段代码中，我们首先创建了一个 Span 对象（span），它包含文本 "I like pizza and pasta" 中的词符 "pizza" 和 "pasta"；接着创建了一个文档 （doc），它包含文本 "McDonalds sells burgers"；最后使用 span.similarity(doc)方法计算出了 span 和 doc 之间的相似度，并打印了出来。相似度的计算结果表明这两个文本片段在语义上是相对相似的。

然而，相似度的计算在不同的应用场景中可能有不同的含义和需求。相似度的计算并没有一个绝对客观的定义，它取决于具体的应用场景和需求。

在下面的例子中，spaCy 默认的词向量对句子 "I like cats" 和 "I hate cats"给出了非常高的相似度分数（0.9501447503553421）。这可能是因为两个句子都涉及"cats"这个主题，因此它们的词向量在语义上是非常接近的。

```
doc1 = nlp("I like cats")

doc2 = nlp("I hate cats")

print(doc1.similarity(doc2))
```

代码的输出结果如下。

```
0.9501447503553421
```

在某些应用场景中，这种计算方法可能并不适用。例如，在情感分析或者意见挖掘中，要根据文本的正面或者负面情感来判断它们的相似度。在这种情况下，即使两个句子涉及相同的主题，如果它们表达的情感相反，那么在情感分析的上下文中，它们也可能被认为是完全不相同的。

相似度的计算和应用需要根据具体的应用场景和需求来定制。例如，推荐系统可能更关注用户的历史行为和偏好，而查重系统可能更关注文本的抄袭和重复。

3.5 综合实践——文本匹配

将统计模型的预测结果与手写的规则库结合使用，是最强大的自然语言处理方法之一。这种结合可以充分发挥统计模型的泛化能力和规则系统的精确性。

在本节中，我们将学习如何通过 spaCy 来结合使用统计模型与规则系统，其通常包括以下几个步骤。

（1）使用统计模型：使用 spaCy 的统计模型（如实体识别器、依存句法识别器、词性标注器等）来处理文本，并获取初步的预测结果。这些模型能够根据从大量数据中学习的模式来识别和分类文本中的实体、词性、依存关系等。

（2）定义规则：根据具体需求定义规则。这些规则可以是简单的正则表达式，也可以是更复杂的逻辑表达式，用于定义特定的模式或者结构。在 spaCy 中，这些规则可以通过 Matcher 或者 PhraseMatcher 实现。

（3）集成和优化：将统计模型的预测结果与手写的规则库结合起来，以优化最终的结果。例如，使用规则库来填补统计模型可能遗漏的实体，或者对统计模型的预测结果进行后处理，以提高准确度和可靠性。

（4）应用和测试：将集成后的模型应用于实际任务中，并进行测试和评估。根据反馈的结果，进一步调整和优化规则和模型。

这种结合了统计模型和规则系统的方法，特别适用于既需要对大量文本进行自动处理，又需要对特定文本片段进行精确识别和处理的场景。通过这种方式，我们可以构建一个既高效又准确的自然语言处理系统。

在表 3-1 中，我们可以看到统计模型和规则系统在应用场景、真实范例和 spaCy 功能方面的对比。

表 3-1　统计模型和规则系统的对比

	统计模型	规则系统
应用场景	需要根据例子来泛化的应用，如产品名、人名、主语宾语关系等	由有限个例子组成的字典，如世界上的国家名、城市名、药品名、狗的种类等
真实范例	产品名、人名、主语宾语关系等	世界上的国家名、城市名、药品名、狗的种类等
spaCy 功能	实体识别器、依存句法识别器、词性标注器等	分词器、Matcher、PhraseMatcher 等

当我们要查找的范例数量是有限的时，比如世界上所有的国家名、城市名、药品名或者狗的种类，基于规则的方法会变得很有用。

3.5.1 基于规则的方法

在 spaCy 中，我们可以用定制化的分词规则，以及 Matcher 和 PhraseMatcher 这样的匹配器来完成自然语言处理任务。

1. Matcher

在上一章中，我们学过如何使用 spaCy 的基于规则的匹配器 Matcher 来查找文本中的复杂模板。在这里再回顾一下 Matcher 的使用要点。

（1）初始化 Matcher：Matcher 对象由一个词汇表（通常是 nlp.vocab）来初始化。

（2）定义模板：模板是一个元素为字典的列表，每个字典都代表了一个词符及其属性。这些属性可以是 POS（词性）、LEMMA（词干）、LOWER（小写形式）等。模板可以通过 matcher.add()方法添加到 Matcher 中。

（3）使用运算符：运算符可以定义一个词符应该被匹配多少次。例如，"+"表示词符可以被匹配一次或者多次。

（4）调用 Matcher：在 Doc 对象上调用 Matcher 会返回一个匹配结果的列表。每个匹配结果都是一个元组，其中包括一个 ID，以及文档中词符的起始索引和终止索引。

以下是使用 Matcher 的一个简单的例子。

```
from spacy.matcher import Matcher
# 用词汇表初始化
matcher = Matcher(nlp.vocab)
# 模板是一个代表词符的字典组成的列表
pattern1 = [{"LEMMA": "love", "POS": "VERB"}, {"LOWER": "cats"}]
matcher.add("LOVE_CATS", [pattern1])
```

```
pattern2 = [{"TEXT": "very", "OP": "+"}, {"TEXT": "happy"}]

matcher.add("VERY_HAPPY", [pattern2])

# 在 Doc 对象上调用 Matcher 来返回一个 (match_id, start, end) 元组的
列表

doc = nlp("I love cats and I'm very very happy")

matches = matcher(doc)

print(matches)
```

在这个例子中，我们首先定义了两个模板，分别匹配"love cats"和"very happy"的模式；然后使用 matcher(doc) 方法在文档上应用了这些模板，并获取了匹配结果。匹配结果是一个列表，包含每个匹配结果的详细信息，如匹配的 ID 和词符的起始索引和终止索引。

下面构建一个匹配规则来匹配"Golden Retriever"这个短语。通过遍历 Matcher 返回的匹配结果，我们可以得到匹配的 ID，以及匹配到的 Span 的起始索引和终止索引。这些信息让我们能够进一步探索和分析匹配到的文本片段。

Span 实例提供了一个方便的方式来读取原始文档，以及所有其他模型预测出来的词符属性和语言学特征。例如，我们可以从 Span 实例中获取根词符，这是短语中最重要的词符，决定了短语的类别；还可以找到根词符的头词符，这是在短语中支配这个词符的语言学上的"父词符"。此外，我们还可以获取前一个词符及其属性，比如词性标注的 POS 标签。通过这种方式，我们可以深入理解文本中的短语结构，并进行更复杂的文本分析和处理。

在短语"Golden Retriever"中，"Retriever"是根词符，它决定了这个短语属于宠物类别。在句子"I have a Golden Retriever"中，"have"是"Golden Retriever"的头词符，因为它在句法上支配着这个短语。前一个词符是冠词"a"，它是一个限定词，用于修饰后面的名词短语。通过这些信息，我们可以更深入地理解短语的结构和上下文关系。

```
matcher = Matcher(nlp.vocab)

matcher.add("DOG", [[{"LOWER": "golden"}, {"LOWER":
"retriever"}]])

doc = nlp("I have a Golden Retriever")

for match_id, start, end in matcher(doc):

    span = doc[start:end]

    print("Matched span:", span.text)

    # 获取 Span 实例的根词符和根头词符

    print("Root token:", span.root.text)

    print("Root head token:", span.root.head.text)

    # 获取前一个词符及其词性标注的 POS 标签

    print("Previous token:", doc[start - 1].text, doc[start -
1].pos_)
```

代码的输出结果如下。

```
Matched span: Golden Retriever

Root token: Retriever

Root head token: have

Previous token: a DET
```

2. PhraseMatcher

PhraseMatcher（短语匹配器）是一个非常有用的工具，用于在文本中查找特定的词语序列。PhraseMatcher 类似于普通的正则表达式和关键词搜索，但与仅仅寻找字符串不同，它可以直接读取语义中的词符。PhraseMatcher 的主要特点如下。

- 语义匹配：PhraseMatcher 不仅可以匹配字符串，还可以匹配词符在语义上的组合。这意味着它可以识别并匹配文档中特定的短语，而不仅仅是字符串。

- 模板使用：PhraseMatcher 使用 Doc 实例作为模板。这意味着我们可以使用已经处理过的文本作为模板，而不是简单的字符串。

- 高效性：PhraseMatcher 运行起来非常快，比 Matcher 更快、更高效，非常适合在大规模语料库中匹配一个很大的字典和词库。

在实际应用中，PhraseMatcher 特别适用于需要快速查找和匹配大量已知短语的场景，比如在搜索引擎中查找特定的查询短语，或者在大量文本中查找特定的命名实体，可以有效地提高文本处理的效率和准确度。

PhraseMatcher 可以从 spacy.matcher 中导入，它与普通的 Matcher 类具有相同的 API。在下面的例子中，我们会传入一个 Doc 实例作为模板，而不是字典列表。这使得我们可以遍历文本中的匹配结果，并获取匹配的 ID、起始索引和终止索引。同时，我们还可以创建一个匹配到的词符"Golden Retriever"的 Span 实例，以便进行关于语境的分析。

```
from spacy.matcher import PhraseMatcher

matcher = PhraseMatcher(nlp.vocab)

pattern = nlp("Golden Retriever")

matcher.add("DOG", [pattern])

doc = nlp("I have a Golden Retriever")

# 遍历匹配的结果

for match_id, start, end in matcher(doc):

    # 获取匹配的 Span

    span = doc[start:end]
```

```
        print("Matched span:", span.text)
```

代码的输出结果如下。

```
Matched span: Golden Retriever
```

在这段代码中,我们首先导入了 PhraseMatcher;然后使用 nlp.vocab 初始化了一个 PhraseMatcher 对象;接着使用 nlp 对象处理了短语"Golden Retriever",并将其作为模式添加到了匹配器中;最后处理了一个包含这个短语的文档,并遍历 Matcher 返回的匹配结果。对于每个匹配结果,我们都获取并打印出了匹配好的 Span。通过这种方式,我们可以快速地找到文档中与特定短语匹配的部分,并做进一步的分析。

3.5.2 匹配不成功时的调试方法

然而,匹配规则并不总是成功的,比如下面的例子。

```
    pattern = [{"LOWER": "silicon"}, {"TEXT": " "}, {"LOWER":
"valley"}]
    doc = nlp("Can Silicon Valley workers rein in big tech from
within?")
```

这段代码不能匹配到文档中的词符"Silicon Valley"。模板中的 LOWER 属性描述了小写字母能匹配到指定值的词符。因此,即使 "Silicon"和"Valley"包含大写字母,只要它们在文档中是小写的,就可以被模板中的 {"LOWER": "valley"}匹配到。

在 spaCy 中,分词器会自动将文本中的空格分割成词符。但是,如果模板中有一个单独的字符串" ",则该字符串不会被分词器视为一个词符,因为空格在文本中通常不被视为独立的词。因此,这个模板不能匹配到 "Silicon Valley"中的空格,进而就不能匹配到"Silicon Valley"。

在 spaCy 的 PhraseMatcher 中，所有的词符默认只能被匹配 1 次。因此，即使模板中没有显式地指定运算符，它们也会按照默认规则进行匹配。

如果发现 Matcher 的模板无法匹配到预期的文本，则可以打印出 Doc 中的词符，以便观察这些文本应该怎样被分割，并根据这些观察来调整模板，确保每个字典都表示一个词符。以下是具体步骤。

（1）打印词符：使用 nlp 对象处理文档，打印出每个词符的文本、词性、标签等信息。

（2）分析词符：观察每个词符，确定模板中每个字典的属性是否正确地描述了词符。

（3）调整模板：根据对词符的分析，调整模板中的字典，确保每个字典都描述了一个独立的词符。

（4）重新测试：使用调整后的模板重新测试，检查它们是否能够正确匹配到预期的文本。

这样就可以逐步理解和纠正模板中的问题，最终实现对文档中特定词符或者短语的有效匹配了。

在下面的例子中，模板配置可能存在以下问题。

（1）pattern1 的问题：模板 pattern1 尝试匹配单个词符"笔记本"。但是，由于"笔记本" 是一个固定的词组，因此应该使用 LEMMA 或者 LOWER 属性来匹配不同的形式，如"笔记本""笔记本电脑"等。

（2）pattern2 的问题：模板 pattern2 尝试匹配"锐龙"加上后面的数字和符号。IS_ASCII 属性是用来判断一个词符是否完全是 ASCII 字符的，而这里我们需要的是一个数字检测属性，如 LIKE_NUM 属性。

```
import spacy
```

```
from spacy.matcher import Matcher

nlp = spacy.load("zh_core_web_sm")

doc = nlp("荣耀将于 7 月 16 日发布新一代 MagicBook 锐龙笔记本，显然会
配备 7nm 工艺、Zen2 架构的全新锐龙 4000 系列，但具体采用低功耗的锐龙 4000U
系列，还是高性能的锐龙 4000H 系列，目前还没有官方消息。今天，推特爆料大神公
布了全新 MagicBook Pro 锐龙本的配置情况。")

# 创建匹配模板

pattern1 = [{"TEXT": "笔记本"}]

pattern2 = [{"TEXT": "锐龙"}, {"IS_ASCII": True}]

# 初始化 Matcher 并加入模板

matcher = Matcher(nlp.vocab)

matcher.add("PATTERN1", [pattern1])

matcher.add("PATTERN2", [pattern2])

# 遍历匹配的结果

for match_id, start, end in matcher(doc):

    # 打印匹配的字符串名字及 Span 对象中的文本

    print(doc.vocab.strings[match_id], doc[start:end].text)
```

修正后的代码如下。

```
import spacy

from spacy.matcher import Matcher

nlp = spacy.load("zh_core_web_sm")

doc = nlp("荣耀将于 7 月 16 日发布新一代 MagicBook 锐龙笔记本，显然会
配备 7nm 工艺、Zen2 架构的全新锐龙 4000 系列，但具体采用低功耗的锐龙 4000U
系列，还是高性能的锐龙 4000H 系列，目前还没有官方消息。今天，推特爆料大神公
布了全新 MagicBook Pro 锐龙本的配置情况。"
```

```
# 创建匹配模板

pattern1 = [{"POS": "ADJ"},{"TEXT": "笔记本"}]

pattern2 = [{"TEXT": "锐龙"}, {"LIKE_NUM": True},
{"IS_ASCII": True}]

# 初始化 Matcher 并加入模板

matcher = Matcher(nlp.vocab)

matcher.add("PATTERN1", [pattern1])

matcher.add("PATTERN2", [pattern2])

# 遍历匹配的结果

for match_id, start, end in matcher(doc):

    # 打印匹配的字符串名字及 Span 对象中的文本

    print(doc.vocab.strings[match_id], doc[start:end].text)
```

代码的输出结果如下。

```
PATTERN2 锐龙 4000U

PATTERN2 锐龙 4000H
```

修正后的代码的输出结果都是正确的。注意，在使用基于词符的 Matcher 时，我们必须特别关注分词过程。有时候，直接精确匹配字符串可能比使用 PhraseMatcher 更简单。

3.5.3 直接精确匹配字符串

在某些情况下，与使用基于词符的 Matcher 相比，直接精确匹配字符串可能是更高效的方法，在面对有限种类的对象时尤为明显。例如，查询世界上所有国家的名称，可以用变量 COUNTRIES 存储这些国家名称的字符串列表。

```
import json
```

```
import spacy
# 加载国家名称列表
with open("exercises/zh/countries.json", encoding="utf8") as f:
    COUNTRIES = json.loads(f.read())
# 加载中文模型
nlp = spacy.blank("zh")
# 创建文档实例
doc = nlp("智利可能会从斯洛伐克进口货物")
# 导入 PhraseMatcher 并实例化
from spacy.matcher import PhraseMatcher
matcher = PhraseMatcher(nlp.vocab)
# 创建 Doc 实例的模板并将其加入 Matcher
# 使用 nlp.pipe() 来处理 COUNTRIES 列表，这比逐个处理更快
patterns = list(nlp.pipe(COUNTRIES))
matcher.add("COUNTRY", patterns)
# 在测试文档中调用 Matcher 并打印结果
matches = matcher(doc)
print([doc[start:end] for match_id, start, end in matches])
```

代码的输出结果如下。

```
[智利，斯洛伐克]
```

在这段代码中，我们首先加载了一个包含国家名称的 JSON 文件；然后加载了一个空的中文模型 nlp；接着使用 PhraseMatcher 匹配到了文档中的国家名称；最后打印出了所有匹配的国家名称。

注意，假设这段代码中有一个 countries.json 文件，其包含一个国家名称的列表，并且这些名称是用中文写的。如果文件名或者国家名称的列表格式不同，则需要相应地调整代码。

进一步提取国家名称及其关系，参考代码如下。

```
import spacy

from spacy.matcher import PhraseMatcher

from spacy.tokens import Span

import json

with open("exercises/zh/countries.json", encoding="utf8") as f:

    COUNTRIES = json.loads(f.read())

with open("exercises/zh/country_text.txt", encoding="utf8")
as f:

    TEXT = f.read()

nlp = spacy.load("zh_core_web_sm")

matcher = PhraseMatcher(nlp.vocab)

patterns = list(nlp.pipe(COUNTRIES))

matcher.add("COUNTRY", patterns)

# 创建一个 Doc 并重置其已有的实体

doc = nlp(TEXT)

doc.ents = []

# 遍历所有的匹配结果

for match_id, start, end in matcher(doc):

    # 创建一个标签为 GPE 的 Span

    span = Span(doc, start, end, label="GPE")
```

```
        # 覆盖 doc.ents 并添加这个 Span

        doc.ents = list(doc.ents) + [span]



        # 获取这个 Span 的根头词符

        span_root_head = span.root.head

        # 打印这个 Span 的根头词符的文本及 Span 的文本

        print(span_root_head.text, "-->", span.text)
    # 打印文档中所有的实体

    print([(ent.text, ent.label_) for ent in doc.ents if
ent.label_ == "GPE"])
```

代码的输出结果如下。

```
内战 --> 萨尔瓦多

任务 --> 纳米比亚

……

[('萨尔瓦多', 'GPE'), ('纳米比亚', 'GPE'), ……)
```

在这段代码中，我们首先加载了国家名称列表和待处理的文本；然后使用
PhraseMatcher 匹配到了文档中的国家名称，并为每个匹配结果都创建了一个标
签为 GPE 的 Span 对象；然后更新了 doc.ents 以包含这些新的实体，并打印出
了每个实体的文本和其句法依赖树中的根词符的头词符；最后打印出了文档中
所有的 GPE 类型的实体。

第 4 章

流程

本章主要包括 spaCy 处理文本背后的机制，如何编写定制化的组件并将其加入文本处理流程，以及如何在 document、span 和 token 中通过编写定制化属性来添加我们自己的元数据。

4.1 流程组件

4.1.1 流程组件的概念

在 spaCy 中，流程组件是指一系列的函数或者类，它们在文本处理流程中依次被调用，以执行特定的任务，如词性标注、依存关系解析、命名实体识别等。每个组件都负责处理文本的一个方面，并将结果添加到 Doc 对象的相应属性中。

流程组件是 spaCy 的核心特性之一，使得 spaCy 能够提供丰富的文本分析功能。开发者可以根据需要选择和配置不同的组件，还可以编写自定义组件来扩展 spaCy 的功能。

在 spaCy 中调用 nlp 实例处理一个文本字符串时，后台执行了一系列复杂的处理步骤，从而将原始字符串转换为一个包含丰富语言学信息的 Doc 对象，示例代码如下。

```
doc = nlp("This is a sentence.")
```

对代码的处理步骤如下。

（1）使用分词器将文本字符串分割成词符（tokens）。在这个过程中，文本被分解成单词、标点符号及其他语言单位。

（2）使用词性标注器（tagger）为每个词符分配一个词性标签，如名词、动词、形容词等。token.tag 属性表示一个词符的词性标签，token.pos 属性表示一个词符的词性类别。

（3）使用依存关系解析器（parser）分析词符之间的关系，构建句子的依赖树，这有助于开发者理解句子结构。token.dep 属性表示词符的依赖关系标签；token.head 属性指向词符的句法头部，负责检测句子和基础的名词短语，也被称为名词块。

（4）使用命名实体识别器（NER）识别文本中特定的实体，如人名、地点、组织等；将检测到的实体添加到 doc.ents 属性中，形成一个实体的集合；设置词符的实体类别属性，表明该词符是否是一个实体的一部分。

（5）使用文本分类器（text classifier）为整个文本分配类别，并将文本的类别添加到 doc.cats 属性中，这是一个包含文本分类结果的字典。因为文本的类别往往是特定的，所以默认文本分类器不包含在任何一个训练好的流程里面，但开发者可以用它来训练自己的系统。

这些组件会按照预定义的顺序依次处理 Doc 对象，并将它们的输出存储在 Doc 对象的相应属性中，如表 4-1 所示。最终，nlp 实例会返回这个处理过的 Doc 对象，并使用 spaCy 提供的 API 来访问和操作这些信息。

表 4-1　流程组件

名称	描述	输出结果
tagger	词性标注器	token.tag、token.pos
parser	依存关系解析器	token.dep、token.head、doc.sents、doc.noun_chunks
ner	命名实体识别器	doc.ents、token.ent_iob、token.ent_type
textcat	文本分类器	doc.cats

图 4-1 所示为文本从原始字符串到包含丰富语言学信息的 Doc 对象的转换过程。

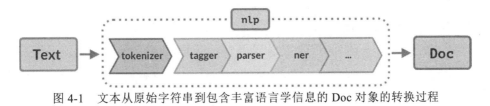

图 4-1　文本从原始字符串到包含丰富语言学信息的 Doc 对象的转换过程

4.1.2　流程组件的运行

在一个文本字符串上调用 nlp 实例。

```
doc = nlp("这是一个句子。")
```

spaCy 会在后台先使用分词器将文本字符串分割成词符（tokens）。在分词完成后，spaCy 会按照预定义的顺序依次运行流程组件，包括词性标注器、依存关系解析器、命名实体识别器等。每个组件都会在 Doc 对象上执行特定的任务，并将其结果存储到 Doc 对象的相应属性中。

这里有几点需要注意，分词器是在所有流程组件之前运行的；spaCy 的所有运算都在本地执行，不需要连接任何远端服务器；在调用 nlp 实例时，流程和模型已经预先加载和初始化了；在使用 spacy.load()方法加载模型时，spaCy 会初始化相应语言，加入流程，并读取模型中的二进制权重。

4.1.3　流程组件的属性

spaCy 的流程组件的属性如下。

1. nlp.pipe_names 属性

nlp.pipe_names 属性返回一个列表，该列表包含当前 nlp 实例中所有流程组件的名字。

如果有一个模型包含分词器、词性标注器和命名实体识别器，那么 nlp.pipe_names 属性将返回组件名称列表，如['tokenizer', 'ner', 'parser']。

nlp.pipe_names 属性的示例代码如下。

```
print(nlp.pipe_names)
```

代码的输出结果如下。

```
['tok2vec', 'tagger', 'parser', 'ner', 'attribute_ruler',
'lemmatizer']
```

2. nlp.pipeline 属性

nlp.pipeline 属性返回一个列表，该列表包含 nlp 实例中的所有流程组件。

每个元素都是一个元组，包含组件的名称和一个函数。该函数是作用在 Doc 对象上的，负责处理文本和设置属性。例如，一个元组可能包含("ner", nlp.add_pipe(ner))，表示一个名为"ner"的命名实体识别器。

通过这些属性，我们可以了解当前模型包含哪些流程组件，以及每个组件的名称和作用，以更好地理解模型的结构，并对其进行定制和扩展。

nlp.pipeline 属性的示例代码如下，也是 (name, component)元组列表的例子。

```
print(nlp.pipeline)
```

代码的输出结果如下。

```
[('tok2vec', <spacy.pipeline.Tok2Vec>),
 ('tagger', <spacy.pipeline.Tagger>),
 ('parser', <spacy.pipeline.DependencyParser>),
 ('ner', <spacy.pipeline.EntityRecognizer>),
 ('attribute_ruler', <spacy.pipeline.AttributeRuler>),
 ('lemmatizer', <spacy.pipeline.Lemmatizer>)]
```

这段代码的输出结果包含分词器（tok2vec）、词性标注器（tagger）和依存关系解析器（parser）等，每个名称后面都跟着一个实际执行组件功能的方法。通过这个列表，我们可以了解模型包含哪些流程组件，以及每个组件的功能。

4.1.4　流程组件的配置

在 spaCy 中，流程组件的配置是在模型的 config.cfg 文件中完成的。这个文件详细地说明了模型的语言、使用的流程组件、组件的配置选项等。它告诉 spaCy 如何初始化和配置流程组件，以确保它们能够正确地协同工作。

spaCy 的原生组件（如分词器、词性标注器、依存关系解析器等）通常需要使用二进制格式的数据来进行预测。这些数据（如模型权重、词典等）被保存在流程包中。当加载流程包时，这些二进制数据会被读取并用于初始化组件，使得组件能够进行预测和分析。

spaCy 所有的流程包都包含一些附属文件和一个 config.cfg 文件。流程包的结构如图 4-2 所示，它展示了如何解构和理解 spaCy 后台的工作方式。

通过这些配置和数据，spaCy 能够高效地处理文本，提供包括分词、词性标注、依存关系解析、命名实体识别等多种功能。流程包的结构使得 spaCy 既灵活又易于扩展，开发者可以根据需要定制和集成新的组件。

图 4-2　流程包的结构

4.1.5　流程组件的检查

当不确定当前流程组件的时候，可以随时打印 nlp.pipe_names 或者 nlp.pipeline 属性来检查一下，具体步骤如下。

（1）读取 zh_core_web_sm 流程包并创建 nlp 实例：使用 spacy.load("zh_core_web_sm")来加载中文预训练模型。

（2）打印流程组件的名称：使用 nlp.pipe_names 属性来获取流程组件名称列表。

（3）打印完整流程的(name,component)元组：使用 nlp.pipeline 属性来获取包含流程组件的(name,component)元组的列表。

以下是实现这些步骤的示例代码。

```
import spacy

# 读取 zh_core_web_sm 流程包

nlp = spacy.load("zh_core_web_sm")

# 打印流程组件的名称
```

```
print(nlp.pipe_names)

# 打印完整流程的(name,component)元组

print(nlp.pipeline)
```

代码的输出结果如下。

```
['tok2vec', 'tagger', 'parser', 'attribute_ruler', 'ner']
[('tok2vec', <spacy.pipeline.tok2vec.Tok2Vec object at
0x7ff711f10cb0>), ('tagger', <spacy.pipeline.tagger.Tagger object
at 0x7ff711ea5530>), ('parser', <spacy.pipeline.dep_parser.
DependencyParser object at 0x7ff711f921a0>), ('attribute_ruler',
<spacy.pipeline.attributeruler.AttributeRuler object at
0x7ff711e58820>), ('ner', <spacy.pipeline.ner.EntityRecognizer
object at 0x7ff711f922f0>)]
```

在这段代码中，我们首先读取了 zh_core_web_sm 流程包，然后打印了流程组件的名称和完整流程的(name, component)元组。利用这些信息，我们可以了解模型包含哪些流程组件，以及每个组件的功能。

4.2 定制化流程组件

在对短文本进行分词并创建 Doc 实例后，流程组件会被依次执行。spaCy 提供了一系列的原生组件，并允许开发者自定义组件，即定制化流程组件。定制化流程组件使得开发者可以在 spaCy 的流程中加入自己的函数，在一段文本上调用 nlp 实例时，这些函数会被调用来执行任务，比如修改 Doc 以添加更多的数据。定制化流程组件会在调用 nlp 实例时自动执行。在为文档和词符添加自定义元数据时，定制化流程组件非常有用。开发者还可以使用定制化流程组件来更新原生属性，比如命名实体识别的结果。

4.2.1 定制化流程组件的应用

流程组件读取、修改并返回 Doc 的函数或者可调用对象，可以作为后续流程组件的输入。为了使 spaCy 识别并调用定制化流程组件，需要使用 @Language.component 装饰器并将其放在函数定义前。在注册组件后，我们可以使用 nlp.add_pipe()方法将其添加到流程中。这个方法至少需要一个参数，即组件的名称（字符串格式）。

下面的代码展示了如何在 spaCy 中创建和注册一个定制化流程组件，具体步骤如下。

- 读取、修改函数并返回 Doc。

- 使用@Language.component 装饰器注册组件。

- 使用 nlp.add_pipe()方法，将组件添加到流程中。

```
from spacy.language import Language

@Language.component("custom_component")

def custom_component_function(doc):

    # 对 Doc 执行自定义处理逻辑

    return doc

nlp.add_pipe("custom_component")
```

在 spaCy 中，我们可以使用关键字参数来设置定制化组件在流程中的位置参数，该参数有如下取值，说明及例子如表 4-2 所示。

- last=True：将组件添加到流程的末尾（默认行为）。

- first=True：将组件添加到流程的开始，紧跟在分词器之后。

- before 和 after：指定新组件相对于特定已有组件的位置。例如，

before="ner"表示会将新组件放置在命名实体识别器之前。

表 4-2　新组件的位置参数的说明及例子

参数	说明	例子
last	如果为 True 则加在流程的末尾	nlp.add_pipe("component", last=True)
first	如果为 True 则加在流程的开始	nlp.add_pipe("component", first=True)
before	加在指定组件之前	nlp.add_pipe("component", before="ner")
after	加在指定组件之后	nlp.add_pipe("component", after="tagger")

新组件的位置必须参照一个已有组件的位置，否则 spaCy 会报错。

4.2.2　定制化流程组件的应用示例

让我们来看一个简单的定制化流程组件的应用示例。

从一个小型的中文处理流程开始，首先定义一个组件，即一个函数，用于读取并返回 Doc 实例；然后打印出将要处理的 Doc 实例的长度。这个 Doc 实例需要被后续流程组件处理。由于分词器创建的 Doc 实例会经过所有的流程组件，因此每个流程组件都必须返回其处理后的 Doc 实例。

为了使 spaCy 识别新组件，我们首先需要使用@Language.component 装饰器注册该组件，并将其命名为 custom_component；然后将该组件添加到流程中，并设置 first=True 以将其置于流程的开始，紧跟在分词器之后；最后打印流程组件的名称，可以看到自定义组件现在起始位置。这意味着在处理一个 Doc 实例时，这个组件会被优先调用。具体代码如下。

```
# 创建 nlp 实例

nlp = spacy.load("zh_core_web_sm")


# 定义一个定制化流程组件
```

```
@Language.component("custom_component")

def custom_component_function(doc):

    # 打印 Doc 实例的长度

    print("Doc length:", len(doc))

    # 返回 Doc 实例

    return doc

# 把组件添加到流程的开始

nlp.add_pipe("custom_component", first=True)

# 打印流程组件的名称

print("Pipeline:", nlp.pipe_names)
```

代码的输出结果如下。

```
Pipeline: ['custom_component', 'tok2vec', 'tagger', 'parser',
'ner', 'attribute_ruler', 'lemmatizer']
```

当我们使用 nlp 实例处理一段文本时，自定义组件将被用于处理 Doc 实例，以及打印出 Doc 实例的长度。

```
# 创建 nlp 实例

nlp = spacy.load("zh_core_web_sm")

# 定义一个定制化流程组件

@Language.component("custom_component")

def custom_component_function(doc):

    # 打印 Doc 实例的长度

    print("Doc length:", len(doc))

    # 返回 Doc 实例
```

```
    return doc
# 把组件添加到流程的开始

nlp.add_pipe("custom_component", first=True)

# 处理一段文本

doc = nlp("这是一个句子。")
```

代码的输出结果如下。

```
Doc length: 4
```

让我们来看看下面这些问题，并考虑哪些可以通过定制化流程组件来解决。

（1）更新训练好的流程以改进其性能。

（2）基于词符及其属性来计算自定义变量。

（3）基于一个词典来增加新的命名实体。

（4）编写对某种新语种的支持。

第 1 个问题是不能通过定制化流程组件来解决的，因为定制化流程组件只能修改 Doc，而不能直接更新其他组件的模型权重。第 2 个问题和第 3 个问题可以通过定制化流程组件来解决，因为使用定制化流程组件可以方便地为 document、token 和 span 添加自定义变量并自定义 doc.ents。第 4 个问题不能通过定制化流程组件来解决，因为定制化流程组件只能在语言类初始化和分词步骤完成后加入流程，所以不适用于添加对新语种的支持。

4.2.3 用定制化流程组件打印文档的词符长度

下面的代码展示了如何使用一个定制化流程组件来打印文档的词符长度，包含以下步骤。

（1）使用 Doc 实例的长度来定义流程组件。

（2）将 length_component 添加到现有流程中，并将其作为第 1 个流程组件。

（3）使用这个新组件，使用 nlp 实例处理一段文本。

```python
import spacy

from spacy.language import Language
# 定义定制化流程组件

@Language.component("length_component")

def length_component_function(doc):

    # 获取 Doc 实例的长度

    doc_length = len(doc)

    print(f"This document is {doc_length} tokens long.")

    # 返回 Doc 实例

    return doc


# 读取小规模的中文流程

nlp = spacy.load("zh_core_web_sm")
# 将组件加入流程的开始，打印流程组件的名称

nlp.add_pipe("length_component", first=True)

print(nlp.pipe_names)


# 处理一段文本

doc = nlp("这是一个句子。")
```

代码的输出结果如下。

```
   ['length_component', 'tok2vec', 'tagger', 'parser', 'attribute_
ruler', 'ner']

   This document is 4 tokens long.
```

这里请注意以下几个要点。

（1）使用 Python 原生的 len()方法来获取 Doc 实例的长度。

（2）使用 nlp.add_pipe()方法和组件的名称，将组件添加到流程中，并将 first 关键字参数设置为 True，以确保组件在其他所有组件之前被添加。

（3）使用 nlp 实例来处理一段文本。

4.2.4　定制化流程组件的综合应用示例

下面的代码展示了如何使用定制化流程组件来调用 PhraseMatcher，从而在文本中查找动物名称，并将匹配到的名称添加到 doc.ents 中。我们已经创建了一个名为 matcher 的 PhraseMatcher 实例，该实例包含用于匹配动物名称的模板。具体步骤如下。

（1）定义一个定制化流程组件，并在 Doc 对象上应用 Matcher。

（2）为每个匹配结果创建一个 Span 对象，为其分配标签 ANIMAL，并用这些新的 Span 对象覆盖 doc.ents。

（3）处理文本并打印出 doc.ents 中所有实体的文本和标签。

具体代码如下。

```
import spacy

from spacy.language import Language

from spacy.matcher import PhraseMatcher

from spacy.tokens import Span
```

```
nlp = spacy.load("zh_core_web_sm")

animals = ["金毛犬", "猫", "乌龟", "老鼠"]

animal_patterns = list(nlp.pipe(animals))

print("animal_patterns:", animal_patterns)

matcher = PhraseMatcher(nlp.vocab)

matcher.add("ANIMAL", animal_patterns)

@Language.component("animal_component")

def animal_component_function(doc):

    # 将 Matcher 应用到 Doc 对象上，并将匹配结果储存到 matches 变量中

    matches = matcher(doc)

    # 为每个匹配结果生成一个 Span 对象并赋予标签 ANIMAL

    spans = [Span(doc, start, end, label="ANIMAL") for
match_id, start, end in matches]

    # 用匹配到的 Span 对象覆盖 doc.ents

    doc.ents = spans

    return doc

nlp.add_pipe("animal_component", after="ner")

print(nlp.pipe_names)

doc = nlp("我养了一只猫和一条金毛犬。")

print([(ent.text, ent.label_) for ent in doc.ents])
```

代码的输出结果如下。

```
animal_patterns: [金毛犬, 猫, 乌龟, 老鼠]

['tok2vec', 'tagger', 'parser', 'attribute_ruler', 'ner',
'animal_component']
```

```
[('猫', 'ANIMAL'), ('金毛犬', 'ANIMAL')]
```

请注意以下几点。

（1）所有的匹配结果都被存储在一个(match_id, start, end)元组的列表中。

（2）Span 类有 4 个参数：原始的 doc、起始索引、终止索引和标签。

（3）使用 nlp.add_pipe()方法、after 关键字参数和组件的名称，将组件添加到另一个组件的后面。

4.3 定制化属性

定制化属性可以用于存储任何与文档、词符或者截取相关的额外信息，这些信息可能对特定的任务是有用的。这样可以在不影响 spaCy 内部数据结构的情况下，扩展 Doc、Token 和 Span 实例的功能。

4.3.1 添加定制化属性

下面的代码展示了如何为文档、词符和截取添加定制化元数据，并通过属性来读取它们。

```
doc._.title = "My document"

token._.is_color = True

span._.has_color = False
```

具体步骤如下。

（1）为文档添加定制化属性：选择一个 Doc 实例，如 doc；使用 doc._.来添加一个新属性，如 title；为该属性分配一个值，如 My document。

（2）为词符添加定制化属性：选择一个 Token 实例，如 token；使用 token._.

来添加一个新属性，如 is_color；为该属性分配一个布尔值，如 True。

（3）为截取添加定制化属性：选择一个 Span 实例，如 span；使用 span._.来添加一个新属性，如 has_color；为该属性分配一个布尔值，如 False。

4.3.2 注册定制化属性

使用 set_extension()方法，为全局的 Doc、Token 和 Span 类添加额外的元数据。这些数据可以是一次性添加的，也可以是动态计算出来的。

注册定制化属性的具体步骤如下。

（1）导入全局类：从 spacy.tokens 模块中导入 Doc、Token 和 Span 类，示例代码如下。

```
from spacy.tokens import Doc, Token, Span
```

（2）设置定制化属性：使用 set_extension()方法，在这些类上设置定制化属性，定义属性的名称，并为其设置默认值，示例代码如下。

```
Doc.set_extension("title", default=None)
Token.set_extension("is_color", default=False)
Span.set_extension("has_color", default=False)
```

在上述代码中，我们为 Doc 的定制化流程组件添加了一个名为 title 的属性，默认值为 None；为 Token 的定制化流程组件添加了一个名为 is_color 的属性，默认值为 False；为 Span 的定制化流程组件添加了一个名为 has_color 的属性，默认值也为 False。

（3）读取定制化属性：定制化属性可以通过"定制化流程组件._"（点加下画线）属性来读取。这种方式可以清楚地表明这些属性是由用户添加的，而不是 spaCy 的内建属性，如定制化流程组件 token.text。

```
doc._.title          # 读取 Doc 的定制化属性
token._.is_color     # 读取 Token 的定制化属性
span._.has_color     # 读取 Span 的定制化属性
```

（4）注册属性：属性需要从 spacy.tokens() 方法中导入全局定制化流程组件 Doc、Token 和 Span 中。使用 set_extension() 方法可以定义一个定制化属性，并决定其值是如何被计算出来的。

通过注册定制化属性，我们可以扩展 spaCy 的功能，使其满足特定的需求，同时保证代码的可读性和组织的清晰度。

4.3.3　定制化属性的类别

在 spaCy 中，定制化属性可以分为 3 种类别：特性（attribute）扩展、属性（property）扩展和方法（method）扩展。每种类别都有其特定的用途和实现方式。

1. 特性扩展

特性扩展是最简单的定制化属性类别，允许直接在 Doc、Token 和 Span 对象上存储和访问值。这些值可以属于任何类型，包括字符串、数字、列表等。特性扩展通常用于存储静态数据，这些数据在一次处理中被设置后就不会改变。示例代码如下。

```
Doc.set_extension("title", default=None)
```

在这个例子中，title 是一个扩展特性，它有一个默认值 None。

在 spaCy 中，我们可以为 Doc、Token 和 Span 对象设置一个具有默认值的扩展特性，并且这个默认值是可以被覆盖的。这意味着在创建新的 Doc、Token 和 Span 实例时，如果没有明确设置属性的值，则 spaCy 会使用默认值，我们可以在任何时候用特定的实例覆盖这个值。

下面的代码展示了如何为 Token 对象设置一个具有默认值的扩展特性，并在特定情况下覆盖这个值。

```
from spacy.tokens import Token
# 为 Token 对象设置一个具有默认值的扩展特性
Token.set_extension("is_color", default=False)
doc = nlp("天空是蓝色的。")
# 覆盖默认扩展特性的值
doc[2]._.is_color = True
```

在这个例子中，我们首先为 Token 类设置了一个名为 is_color 的扩展特性，其默认值为 False；然后处理了一个文本，创建了 Doc 对象，并在 Doc 对象中找到了词符"蓝色"；最后将 is_color 属性的值覆盖为 True。

这种方法使得开发者可以根据需要对特定词符的属性值进行设置或者覆盖，在处理具有特定属性或者特征的文本时非常有用。例如，在命名实体识别和情感分析中，可能需要为某些词符设置特定的标签或属性。

2．属性扩展

属性扩展是一个可以计算出的值，它在每次访问时都会被重新计算。这种类型的定制化属性通常用于动态数据，这些数据可能会随着文档的处理而改变，示例代码如下。

```
Doc.set_extension("word_count", getter=lambda doc: len(doc))
```

在这个例子中，word_count 是一个属性扩展，通过 getter 函数计算文档中的词符数量。

在 spaCy 中，属性扩展允许设置一个取值器（getter）函数，该函数在每次访问属性值时都会被调用。此外，我们可以设置一个可选的赋值器（setter）函数，该函数在修改属性值时会被调用，从而根据当前的上下文动态计算出属性值，甚至在计算时考虑其他定制化属性的值。

下面的代码展示了如何为 Token 对象设置一个具有取值器函数的属性扩展。

```
from spacy.tokens import Token
# 定义取值器函数
def get_is_color(token):
    colors = ["红色", "黄色", "蓝色"]
    return token.text in colors
# 为 Token 对象设置具有取值器函数的属性扩展
Token.set_extension("is_color", getter=get_is_color)
doc = nlp("天空是蓝色的。")
# 调用取值器函数，访问属性值
print(doc[2]._.is_color, "-", doc[2].text)
```

代码的输出结果如下。

```
True - 蓝色
```

在这个例子中，我们先定义了一个名为 get_is_color 的取值器函数，该函数可以检查给定的词符是否在颜色列表中；然后使用 Token.set_extension()方法将这个取值器函数设置成 is_color 属性的取值器。

当我们访问 doc[2]._.is_color 时，取值器函数 get_is_color 会被调用并返回 True 或者 False，这取决于 doc[2]的文本是否是一个颜色词。在这个例子中，由于"蓝色"是一个颜色词，所以 doc[2]._.is_color 会返回 True。

这种方法在根据词符的文本或者其他属性动态计算属性值时非常有用。例如，根据词符的词性或者依存关系标签来判断该词符是否具有某种特性。

在 spaCy 中，属性扩展与 Python 中的属性非常相似。

取值器函数通常会接收一个参数，即对应的实例。例如，在 Token 的上下文中，这个参数就是词符本身；在 Span 的上下文中，这个参数就是截取本身。在计算属性值时，可以利用这个参数来访问其属性和方法。

下面的代码展示了如何为 Span 对象设置一个具有取值器函数的属性扩展。

```python
from spacy.tokens import Span
# 定义取值器函数
def get_has_color(span):
    colors = ["红色", "黄色", "蓝色"]
    return any(token.text in colors for token in span)
# 为 Span 对象设置一个具有取值器函数的属性扩展
Span.set_extension("has_color", getter=get_has_color)
doc = nlp("天空是蓝色的")
# 调用取值器函数，访问属性值
print(doc[1:4]._.has_color, "-", doc[1:4].text)
print(doc[0:2]._.has_color, "-", doc[0:2].text)
```

代码的输出结果如下。

```
True - 是蓝色的
False - 天空是
```

在这个例子中，我们先定义了一个名为 get_has_color 的取值器函数，该函数可以检查给定截取是否包含颜色词；然后使用 Span.set_extension()方法将这个取值器函数设置成 has_color 属性的取值器。

当我们访问 doc[1:4]._.has_color 时，取值器函数 get_has_color 会被调用并返回 True 或者 False，这取决于 doc[1:4]的文本是否包含颜色词。在这个例子中，由于"蓝色"是一个颜色词，所以 doc[1:4]._.has_color 会返回 True。

这种方式在根据截取的内容或者其他属性动态计算属性值时非常有用。例如，根据截取中的词符是否包含特定的词性或者依存关系标签来判断截取是否具有某种特性。

3. 方法扩展

方法扩展允许在 Doc、Token 和 Span 对象上添加自定义函数，这些函数可以接收参数并执行更复杂的操作。方法扩展通常用于实现特定的功能和处理步骤。示例代码如下。

```
    Doc.set_extension("process_text", method=lambda doc,
text: doc._.title + ": " + text)
```

在这个例子中，process_text 是一个方法扩展，它会接收一个文本参数，并将其与文档的标题组合起来。

方法扩展通过 set_extension()方法注册到相应的类上。这种方式可以扩展 spaCy 的功能，使其满足特定的需求。

方法扩展可以作为一个实例的方法引入一个函数，还可以向扩展函数中传入参数。示例代码如下。

```
from spacy.tokens import Doc

# 定义含有参数的方法

def has_token(doc, token_text):
```

```
    in_doc = token_text in [token.text for token in doc]

    return in_doc
# 在 Doc 上设置方法扩展
Doc.set_extension("has_token", method=has_token)
doc = nlp("天空是蓝色的。")
print(doc._.has_token("蓝色"), "- 蓝色")
print(doc._.has_token("云朵"), "- 云朵")
```

代码的输出结果如下。

```
True - 蓝色
False - 云朵
```

在 spaCy 中，方法扩展允许将定制化属性转换为可调用的方法。我们可以在调用方法时传入一个或者多个参数，基于这些参数值或者取值函数动态计算属性值。方法扩展通常用于实现更复杂的功能，这些功能可能需要额外的参数来执行。

下面的代码展示了如何为 Doc 对象设置一个方法扩展，以及使用该方法检查文档中是否含有指定的词符文本。

```
from spacy.tokens import Doc
# 定义方法函数
def has_token(doc, token_text):
    return any(token.text == token_text for token in doc)
# 为 Doc 对象设置一个方法扩展
Doc.set_extension("has_token", method=has_token)
doc = nlp("The sky is blue.")
```

```
# 调用定制化的.__.has_token()方法

# 第一个参数是实例本身，即 Doc，会被自动传入

# 第二个参数是指定的词符文本

print(doc.__.has_token("blue"))  # 返回 True，因为文档含有词符 "blue"

print(doc.__.has_token("cloud"))  # 返回 False，因为文档不含词符 "cloud"
```

在这个例子中，我们首先定义了一个名为 has_token 的函数，该函数接收一个 Doc 实例和一个 token_text 参数；然后检查了文档是否含有与 token_text 匹配的词符；最后使用 Doc.set_extension()方法将这个函数设置成了 has_token() 方法扩展。

当我们调用 doc.__.has_token("blue")时，has_token 函数会被调用并返回 True 或者 False，这取决于文档是否含有词符 "blue"。

这种方法可以轻松地检查文档是否含有特定的词符，而不需要编写额外的代码，在根据文档内容或者其他属性动态进行计算时非常有用。例如，根据文档是否含有特定的词符或者短语来执行特定的操作或者分析。

4.3.4 设置定制化属性

1. 设置基于参数的定制化属性

下面设置一个基于参数的定制化属性，具体步骤如下。

（1）使用 Token.set_extension()方法来注册一个名为 is_country 的属性，其默认值是 False。

（2）对词符 "新加坡" 更新该定制化属性，并打印出所有词符的文本及其 is_country 属性。

示例代码如下。

```
import spacy

from spacy.tokens import Token

# 加载中文模型

nlp = spacy.load("zh_core_web_sm")

# 注册词符的定制化属性 is_country, 其默认值是 False

Token.set_extension("is_country", default=False)

# 处理文本，将词符"新加坡"的 is_country 属性设置为 True

doc = nlp("我住在新加坡。")

doc[2]._.is_country = True  # 假设"新加坡"是第三个词符

# 打印所有词符的文本及其 is_country 属性

print([(token.text, token._.is_country) for token in doc])
```

代码的输出结果如下。

```
[('我', False), ('住在', False), ('新加坡', True), ('。', False)]
```

在这段代码中，我们先导入了必要的库，并加载了中文模型；然后使用 Token.set_extension()方法注册了一个名为 is_country 的属性，并将其默认值设置成 False；接着处理了一个文本，创建了 Doc 对象，假设"新加坡"是这个文本中的第三个词符，并将其 is_country 属性设置成了 True；最后遍历了文档中所有的词符，并打印出每个词符的文本及其 is_country 属性。

注意，定制化属性是通过 "._" 特性来访问的，如 doc._.has_color。在这个例子中，我们使用了 token._.is_country 来访问每个词符的 is_country 属性。

2. 设置基于取值函数的定制化属性

下面为 Token 对象注册一个名为 reversed 的定制化属性，其取值函数是 get_reversed。这个取值函数会读取一个词符并返回其逆序的文本。在完成配置后，打印出所有词符的逆序属性。

示例代码如下。

```
import spacy

from spacy.tokens import Token

# 创建一个新的空白模型实例

nlp = spacy.blank("zh")

# 定义取值函数，读入一个词符并返回其逆序的文本

def get_reversed(token):

    return token.text[::-1]

# 注册词符的定制化属性 reversed 及其取值器 get_reversed

Token.set_extension("reversed", getter=get_reversed)

# 处理文本，打印所有词符的逆序属性

doc = nlp("我说的所有话都是假的，包括这一句。")

for token in doc:

    print("reversed:", token._.reversed)
```

代码的输出结果如下。

```
reversed: 我

reversed: 说

reversed: 的

reversed: 所

reversed: 有

reversed: 话

reversed: 都
```

```
reversed: 是

reversed: 假

reversed: 的

reversed: ，

reversed: 包

reversed: 括

reversed: 这

reversed: 一

reversed: 句

reversed: 。
```

在这个例子中，我们先创建了一个新的空白模型实例；然后定义了一个名为 get_reversed 的取值函数，该函数接收一个词符作为参数，并返回其文本的逆序；接着使用 Token.set_extension()方法将 get_reversed 函数注册成了 reversed 属性的取值器，这样 reversed 属性就被定义为了一个可以返回词符文本逆序的属性；最后处理了一个文本，创建了 Doc 对象，遍历了文档中所有的词符，并打印出了所有词符的逆序属性。

在这个例子中，我们使用了 token._.reversed 来访问每个词符的 reversed 属性。

3. 设置基于复杂取值函数的定制化属性

下面的代码实现了一个名为 get_has_number 的函数，并使用 Doc.set_extension()方法注册了一个名为 has_number 的属性，其取值函数是 get_has_number。这个函数可以检查文档中是否有词符的 token.like_num 属性返回 True，即检查文档中是否包含数字。

示例代码如下。

```
import spacy

from spacy.tokens import Doc

# 创建一个新的空白模型实例

nlp = spacy.blank("zh")

# 定义取值函数

def get_has_number(doc):

    # 文档中是否有词符的 token.like_num 属性返回 True

    return any(token.like_num for token in doc)

# 注册 Doc 的定制化属性 has_number 及其取值器 get_has_number

Doc.set_extension("has_number", getter=get_has_number)

# 处理文本, 检查定制化的 has_number 属性

doc = nlp("这家博物馆在 2012 年关了五个月。")

print("has_number:", doc._.has_number)
```

代码的输出结果如下。

```
has_number: True
```

在这个例子中，我们先创建了一个新的空白模型实例；然后定义了一个名为 get_has_number 的取值函数，该函数接收一个 Doc 对象作为参数，并使用 any 函数遍历了文档中所有的词符；接着使用 Doc.set_extension()方法将 get_has_number 函数注册成 has_number 属性的取值器，这样 has_number 属性就被定义为一个可以检查文档是否包含数字的属性；最后处理了一个文本，创建了 Doc 对象，使用 doc._.has_number 检查了文档是否包含数字，并打印出了结果。

对于每个词符，取值函数都会检查其 token.like_num 属性是否返回 True。如

果文档中至少有一个词符的 token.like_num 属性返回 True，则函数会返回 True。

在这个例子中，我们使用了 doc._.has_number 来访问每个词符的 has_number 属性。

4．设置基于含有参数的取值函数的定制化属性

在这个例子中，我们将为 Span 对象注册一个名为 to_html 的方法扩展，其取值函数是 to_html。这个取值函数接收一个 Span 实例和一个标签（tag）作为输入参数，并将 Span 实例中的文本包裹在指定的 HTML 标签中并返回。

示例代码如下。

```python
import spacy

from spacy.tokens import Span

# 创建一个新的空白模型实例

nlp = spacy.blank("zh")

# 定义取值函数

def to_html(span, tag):

    # 将 Span 实例中的文本包裹在 HTML 标签中并返回

    return f"<{tag}>{span.text}</{tag}>"

# 注册这个 Span 方法扩展名 "to_html" 及其取值函数 to_html

Span.set_extension("to_html", method=to_html)

# 处理文本，在 Span 上调用 to_html()方法及其标签名 "strong"

doc = nlp("大家好，这是一个句子。")

span = doc[0:3]  # 假设我们想要处理第一个到第三个词符

print(span._.to_html("strong"))
```

代码的输出结果如下。

```
<strong>大家好</strong>
```

在这个例子中，我们首先创建了一个新的空白模型实例；然后定义了一个名为 to_html 的取值函数，该函数接收一个 Span 对象和一个标签（tag）作为参数，并返回将 Span 实例中的文本包裹在指定 HTML 标签中的字符串；接着使用 Span.set_extension()方法将 to_html 函数注册成了 to_html()方法扩展，这样 to_html 就被定义成了一个可以将文本包裹在 HTML 标签中的方法；最后处理了一个文本，创建了 Doc 对象，选择了一个 Span，并使用 span._.to_html("strong") 来调用 to_html()方法，传入标签 strong，将 Span 实例中的文本包裹在和标签中，并打印了出来。

注意，扩展方法可以有一个或者多个输入参数，比如 doc._.some_method("argument")。传入方法的第一个参数一定是该方法要作用的 Doc、Token 和 Span 实例。在这个例子中，span._.to_html("strong")中的第一个参数是 Span 实例本身，第二个参数是标签 strong。

4.4　定制化模型组件

定制化模型组件是在 spaCy 中自定义的模型组件，用于扩展或者修改原始模型的功能。这些组件可以是在模型训练过程中定义的，也可以是在模型使用过程中添加的。定制化模型组件通常用于实现特定的任务，如在文本分类中添加组件来预测文本的情感或者主题，在文本生成中添加组件来生成文本摘要或者回答问题，在实体识别中添加组件来识别特定类型的实体，如人名、地点等。定制化模型组件主要有两类。

（1）扩展模型组件：这些组件扩展了原始模型的功能，如添加新的预测、修改现有预测和添加新的属性。

（2）自定义模型组件：这些组件是完全由用户定义的，用于执行特定的任务，如数据预处理、后处理和特定领域的分析。

用户可以根据自己的需求自定义组件，定义好的组件可以重复使用，不需要重新训练整个模型，并且可以通过添加更多的组件来扩展模型的功能。

用户可以使用 spaCy 提供的装饰器（如@Language.component）来定义组件，在组件内部实现自定义的逻辑，如数据处理、预测生成等，并将组件集成到 spaCy 管道中。

在下面的例子中，我们将创建一个名为 get_wikipedia_url 的取值函数，用于为 Span 对象的定制化属性 wikipedia_url 设置值。这个函数将检查 Span 对象的标签是否为 PERSON、ORG、GPE 或者 LOCATION，如果是，则返回一个指向维基百科的 URL，其中包含了该实体的文本。

示例代码如下。

```
import spacy

from spacy.tokens import Span

# 加载中文模型

nlp = spacy.load("zh_core_web_sm")

# 定义取值函数

def get_wikipedia_url(span):

    # 如果 Span 中有一个标签，则获取其维基百科的 URL

    if span.label_ in ("PERSON", "ORG", "GPE", "LOCATION"):

        entity_text = span.text.replace(" ", "_")

        return "*****://**.*********.***/*/index.php?search="
+ entity_text
```

```
# 设置 Span 的扩展 wikipedia_url 及其取值器 get_wikipedia_url

Span.set_extension("wikipedia_url", getter=get_wikipedia_url)

# 处理文本，遍历 Doc 中的实体，输出它们的维基百科 URL

doc = nlp(

    "出道这么多年，周杰伦已经成为几代年轻人共同的偶像。"

)

for ent in doc.ents:

    # 打印实体的文本和其维基百科 URL

    print(ent.text, ent._.wikipedia_url)
```

在这个例子中，我们首先加载了中文模型；然后定义了一个名为 get_wikipedia_url 的取值函数，该函数接收一个 Span 对象作为参数。在函数内部检查 Span 的标签是否为 PERSON、ORG、GPE 或者 LOCATION，如果是，则使用 span.text.replace(" ", "_")将实体文本转换为适合维基百科搜索的形式，并构建一个 URL。接下来，我们使用 Span.set_extension()方法将 get_wikipedia_url 函数注册为"wikipedia_url"属性的取值器，从而将 wikipedia_url 属性定义为一个可以返回实体维基百科 URL 的属性。

最后，我们处理了一个文本，创建了 Doc 对象，遍历了文档中所有的实体，并打印出了它们的文本和维基百科 URL。

在这个例子中，我们使用 ent._.wikipedia_url 来访问每个实体的 wikipedia_url 属性。

我们现在有了一个定制化的模型组件，可以使用模型预测的命名实体来生成维基百科的 URL，并将其设定为一个定制化属性。

4.5 含有定制化属性的定制化流程组件

下面结合使用定制化属性和定制化流程组件来识别国家名，并使用一个定制化属性来返回这些国家的首都（如果存在）。

示例代码如下。

```python
import json

import spacy

from spacy.language import Language

from spacy.tokens import Span

from spacy.matcher import PhraseMatcher
# 加载国家名和首都的数据
with open("exercises/zh/countries.json", encoding="utf8") as f:
    COUNTRIES = json.loads(f.read())
with open("exercises/zh/capitals.json", encoding="utf8") as f:
    CAPITALS = json.loads(f.read())
# 创建一个空白模型实例

nlp = spacy.blank("zh")
# 创建短语匹配器，用于匹配国家名

matcher = PhraseMatcher(nlp.vocab)

matcher.add("COUNTRY", list(nlp.pipe(COUNTRIES)))
# 定义流程组件

@Language.component("countries_component")

def countries_component_function(doc):
    # 为所有的匹配结果创建一个标签为 GPE 的实体 Span
```

```
    matches = matcher(doc)

    doc.ents = [Span(doc, start, end, label="GPE") for
match_id, start, end in matches]

    return doc
# 把这个组件加入流程

nlp.add_pipe("countries_component")

print(nlp.pipe_names)

# 定义取值器，用于在国家首都的字典中寻找 Span 的文本

get_capital = lambda span: CAPITALS.get(span.text)

# 使用这个取值器注册 Span 的定制化属性 capital

Span.set_extension("capital", getter=get_capital, force=True)

# 处理文本，打印实体的文本、标签和首都属性

doc = nlp("新加坡可能会和马来西亚一起建造高铁。")

print([(ent.text, ent.label_, ent._.capital) for ent in
doc.ents])
```

代码的输出结果如下。

```
['countries_component']

[('新加坡', 'GPE', '新加坡'), ('马来西亚', 'GPE', '吉隆坡')]
```

操作步骤如下。

（1）加载国家名和首都的数据，创建一个空白模型实例，并定义一个短语匹配器，用于匹配国家名。

（2）定义一个名为 countries_component_function 的流程组件，该组件为所有匹配的国家名创建一个 Span 对象，并将其添加到 doc.ents 中。

（3）使用 nlp.add_pipe()方法将这个组件加入流程，并打印当前的管道名称。

（4）定义一个名为 get_capital 的取值器函数，该函数用于在国家首都的字典中查找对应国家的首都。

（5）使用 Span.set_extension()方法，将 get_capital 函数注册成 capital 属性的取值器，处理一个文本，并打印出所有实体的文本、标签和首都，这样就可以看到每个实体的相关信息了。

这个例子很好地展示了如何使用 spaCy 流程来添加和利用结构化数据。通过定义短语匹配器和定制化属性，我们可以实现更复杂的文本处理任务。这种方法使得 spaCy 能够满足特定领域和特定任务的需求，从而提高文本处理的精确度和效率。

4.6　流程的优化

在处理大规模语料时，效率是非常关键的。spaCy 是一个强大的自然语言处理库，提供了多种方法来优化流程，能够更快地处理大量文本。其中，使用 nlp.pipe()方法的流模式处理方法可以显著提高处理大量文本的速度。通过流模式，spaCy 可以一次性处理整个文本列表，而不是逐段处理。

4.6.1　流模式

当使用 nlp.pipe()方法时，应该使用流模式来处理文本，而不是在每段文本上单独调用 nlp 实例。流模式通过生成器一次性处理文本，可以显著提高处理大量文本的速度。

下面的代码展示了不好的方法。

```
docs = [nlp(text) for text in LOTS_OF_TEXTS]
```

这种方法在每段文本上分别调用 nlp 实例,导致每个文本处理都是独立的,效率较低。

下面的代码展示了好的方法。

```
docs = list(nlp.pipe(LOTS_OF_TEXTS))
```

这种方法通过 nlp.pipe()方法一次性处理整个文本列表,并生成一个 Doc 对象的列表。由于 nlp.pipe()方法会返回一个生成器,所以使用 list()方法将其转换为列表可以获得最终的 Doc 对象。

流模式允许 spaCy 对目标文本集进行打包处理,而不是逐段处理,从而更有效地管理内存,在处理大量文本时尤其有用。

注意,在使用 nlp.pipe()方法时,需要将其结果转换为列表,以便访问每个 Doc 对象。在实际应用中,可以根据具体的语料和任务来测试哪种方法更高效。使用流模式可以显著提高 spaCy 处理大规模语料的效率。

4.6.2　传入语境

在 spaCy 中,nlp.pipe()方法允许同时传入一系列的文本,以及与文本相关的元数据,以便在处理文本时保留额外的信息。通过设置 as_tuples=True,我们可以传入一系列形式为(text, context)的元组,其中 text 是待处理的文本,context 是一个字典,包含与文本相关的元数据。

下面的代码展示了如何使用 nlp.pipe()方法产生一系列(doc, context)元组。

```
import spacy
# 创建一个 spaCy 模型

nlp = spacy.load("zh_core_web_sm")
```

```
# 准备一些文本及与其相关的元数据
data = [
    ("这是一段文本", {"id": 1, "page_number": 15}),
    ("以及另一段文本", {"id": 2, "page_number": 16}),
]
# 使用 nlp.pipe()方法处理数据, 设置 as_tuples=True
for doc, context in nlp.pipe(data, as_tuples=True):
    print(doc.text, context["page_number"])
```

代码的输出结果如下。

```
这是一段文本 15
以及另一段文本 16
```

在这个例子中，我们首先加载了一个 spaCy 模型；然后准备了一个包含文本和元数据的列表 data；接着使用 nlp.pipe()方法处理了这个数据列表，并设置 as_tuples=True，这样 nlp.pipe()方法就会返回一个包含(doc, context)元组的迭代器；最后遍历了这个迭代器，打印出了每个文档的文本，以及与其相关的元数据。在这个例子中，我们只打印了页码号，但实际上可以根据需要打印任何元数据。

这种方法在处理与特定文本关联的额外信息时非常有用。例如，在处理书籍或者网页时，可能需要保留每个段落的 ID 或者页码信息。

在 spaCy 中，nlp.pipe()方法支持传入文本/语境的元组，只需设置 as_tuples 参数为 True，就会生成文档/语境的元组，而不是单独的文档。使用这种方法可以传入新增的元数据，比如文本对应的 ID 或者页码，甚至可以将语境的元数据加入定制化的属性，以便在处理文本时使用这些额外的信息。

下面的代码展示了如何注册两个定制化属性 id 和 page_number，并使用它们来重写文档的定制化属性。

```python
from spacy.tokens import Doc
# 创建一个 spaCy 模型
nlp = spacy.load("zh_core_web_sm")
# 注册两个定制化属性
Doc.set_extension("id", default=None)
Doc.set_extension("page_number", default=None)
# 准备一些文本，以及与其相关的元数据
data = [
    ("这是一段文本", {"id": 1, "page_number": 15}),
    ("以及另一段文本", {"id": 2, "page_number": 16}),
]
# 使用 nlp.pipe()方法处理数据，设置 as_tuples=True
for doc, context in nlp.pipe(data, as_tuples=True):
    # 使用语境元数据重写 Doc 的定制化属性
    doc._.id = context["id"]
    doc._.page_number = context["page_number"]
```

在这个例子中，我们首先加载了一个 spaCy 模型；然后注册了名为 id 和 page_number 的定制化属性，它们的默认值都是 None；接着准备了一个包含文本，以及与其相关的元数据的列表 data；最后使用 nlp.pipe()方法处理了这个数据列表，并设置 as_tuples=True。在循环中，我们使用每个 context 字典中的 id 和 page_number 来重写 Doc 的定制化属性，从而在处理文本时使用这些额外的元数据。

4.6.3　仅使用分词器

当只需要分词而不需要执行整个 NLP 流程时，使用 nlp.make_doc()方法来创建 Doc 实例是一个更高效的选择。nlp.make_doc()方法可以直接将一段文本转换为 Doc 实例，而不需要执行模型的其他部分，如命名实体识别、词性标注等。示例代码如下。

```python
import spacy
# 加载一个 spaCy 模型
nlp = spacy.load("zh_core_web_sm")
# 使用 nlp.make_doc()方法创建一个经过分词的 Doc 实例
doc = nlp.make_doc("Hello world!")
# 现在可以直接访问 Doc 中的词符和分词信息
print(doc)
```

在这个例子中，我们首先加载了一个 spaCy 模型；然后使用 nlp.make_doc()方法将文本"Hello world!"转换成一个 Doc 实例，不建议直接使用 nlp 实例。这样就可以直接访问 Doc 中的词符和分词信息了，而不需要执行模型的其他部分。

这种方法在只需要分词而不需要完整 NLP 流程时非常有用，可以显著提高处理速度。

4.6.4　关闭流程组件

在 spaCy 中，nlp.select_pipes()方法允许暂时关闭一个或者多个流程组件，以便在特定情况下提高效率或者专注于特定的任务（通过 with 语句实现）。

下面的代码展示了如何使用 nlp.select_pipes()方法关闭词性标注器和依存关系解析器。

```
import spacy

# 加载一个 spaCy 模型

nlp = spacy.load("zh_core_web_sm")

# 定义要处理的文本

text = "Hello world!"
# 使用 with 语句和 nlp.select_pipes() 方法来暂时关闭 tagger 和 parser

with nlp.select_pipes(disable=["tagger", "parser"]):

    # 处理文本并打印实体结果

    doc = nlp(text)

    print(doc.ents)

# 在执行 with 代码块后，被关闭的流程组件会自动重新启用
```

在这个例子中，我们首先使用了 with nlp.select_pipes(disable=["tagger", "parser"])创建了一个上下文管理器，tagger 和 parser 这两个流程组件会被暂时关闭；然后处理了 with 代码块内部的文本并打印出了实体结果。注意，由于 tagger 和 parser 被关闭，因此 spaCy 流程只会运行剩余的未被关闭的组件。在 with 代码块执行结束后，被关闭的流程组件会自动重新启用，不会影响模型的正常使用。这种方法在只需要特定组件的输出时非常有用，可以提高处理效率。

4.7 处理流

在 spaCy 中，处理流（processing pipeline）是一个核心概念，它定义了文本处理的一系列步骤，包括分词、词性标注、命名实体识别等。处理流是 spaCy 进行文本分析的主要方式，它可以将文本处理流程组织成一个有序的管道，每个步骤由一个组件执行。

处理流的特点如下。

（1）有序：处理流中的每个步骤都必须按照定义的顺序执行。

（2）组件化：处理流由多个组件组成，每个组件负责一个特定的任务。

（3）可定制：可以添加、修改或者删除处理流中的组件，以满足特定的需求。

（4）高效：处理流允许 spaCy 以高效的方式处理文本，如并行处理组件。

在 spaCy 中，我们可以通过 nlp.pipe()方法创建处理流，通过 nlp.add_pipe()方法向处理流中添加新的组件，通过 nlp(text)方法执行处理流，处理单个文本。在使用 nlp.pipe()方法处理大量文本时，该方法会生成一个包含文档对象的列表。

处理流是 spaCy 中进行文本分析的基础，它允许用户构建复杂且高效的文本处理流程。接下来讲解如何应用处理流。

4.7.1　从遍历文本到遍历处理流

使用 nlp.pipe()方法重写一个文本处理的例子，以实现更高效的文本处理，并遍历 nlp.pipe()方法产生的 Doc 实例，而不是直接遍历文本。示例代码如下。

```
import json

import spacy
# 加载中文模型
nlp = spacy.load("zh_core_web_sm")
# 加载推特文本数据
with open("exercises/zh/weibo.json", encoding="utf8") as f:
    TEXTS = json.loads(f.read())
# 使用 nlp.pipe()方法处理文本，并打印形容词
for doc in nlp.pipe(TEXTS):
```

```
      print([token.text for token in doc if token.pos_ ==
"ADJ"])
```

代码的输出结果如下。

```
[]

[]

[]

['老']

[]

[]
```

在这个例子中，我们首先加载了中文模型；然后打开了一个包含推特文本数据的 JSON 文件，并将其加载到了变量 TEXTS 中；接着使用 nlp.pipe()方法处理了 TEXTS 列表中的文本，该方法会返回一个生成器，并生成一系列的 Doc实例；最后遍历了这个生成器，打印出了文档中所有形容词的文本。

这种方法比先直接遍历文本再逐个对其进行处理要高效得多，因为它允许spaCy 一次性处理整个文本列表，而不是逐个处理。这种流式处理流可以显著提高处理大量文本的效率。

4.7.2　将处理流转化为 Doc 列表

在 spaCy 中，使用 nlp.pipe()方法可以更高效地处理文本列表。nlp.pipe()方法会返回一个生成器，我们可以遍历这个生成器来获取所有处理过的文档。但是，如果想要将结果转换为一个 Doc 列表，则需要使用 list()方法。

下面使用 nlp.pipe()方法重写并优化 4.7.1 节中的代码。

```
import json

import spacy
```

```
# 加载中文模型

nlp = spacy.load("zh_core_web_sm")

# 加载推特文本数据

with open("exercises/zh/weibo.json", encoding="utf8") as f:

    TEXTS = json.loads(f.read())

# 使用 nlp.pipe()方法处理文本，并打印实体

docs = list(nlp.pipe(TEXTS))

entities = [doc.ents for doc in docs]

print(*entities)
```

代码的输出结果如下。

```
(麦当劳,) (麦当劳, 汉堡, 汉堡) (麦当劳,) (中国, 麦当劳, 北京) (麦当
劳,) (今天, 早上, 麦当劳, 一整天)
```

操作步骤如下。

（1）加载中文模型，打开一个包含推特文本数据的 JSON 文件，并将其加载到变量 TEXTS 中。

（2）使用 nlp.pipe()方法处理 TEXTS 列表中的文本。nlp.pipe()方法会返回一个生成器，使用 list()方法将其转换为 Doc 列表，这样就可以方便地遍历和访问所有的文档了。

（3）遍历 Doc 列表，并打印出每个文档的实体。使用 print(*entities)来打印多个列表，可以更清晰地展示结果。

通过这种方式，我们可以更高效地处理大量文本，并且不会在内存中创建大量的 Doc 对象。

4.7.3 处理流和模板匹配

下面的代码展示了如何结合使用处理流和模板匹配。

```
import spacy
# 创建一个空白模型实例

nlp = spacy.blank("zh")

people = ["周杰伦", "庞麦郎", "诸葛亮"]
# 使用 nlp.pipe()方法为 PhraseMatcher 创建一个模板列表

patterns = list(nlp.pipe(people))
```

（1）创建一个空白模型实例，定义一个包含人名的列表 people。

（2）使用 nlp.pipe()方法处理 people 列表中的文本。nlp.pipe()方法会返回一个生成器，使用 list()方法将其转换为列表，这样就可以方便地遍历和访问所有的模板了。

（3）将得到的模板列表 patterns 用于后续的文本匹配操作。通过这种方式，我们可以更高效地处理大量文本，并且不会在内存中创建大量的模板对象。

4.7.4 在语境中处理数据

在许多任务中，将数据与上下文或者元数据关联起来可以极大地提高处理的精确性和效率。这种方法在自然语言处理中尤为重要，因为它使得模型能够更好地理解文本的上下文和语境信息。在这个例子中，我们将使用定制化属性将作者和书的信息加入引用。具体步骤如下。

（1）在 Doc 对象上注册两个定制化属性 author 和 book，它们的默认值都是 None。

（2）使用 nlp.pipe()方法处理 DATA 中的[text, context]。设置 as_tuples=True，

这样 nlp.pipe()方法就会读取一个(text, context)的元组列表，并产生一系列的
(doc, context)元组。

（3）在循环中，从 context 中获取作者和书的信息，并将其设置为 doc._.book
和 doc._.author。

（4）打印出文本及其对应的定制化属性数据。

示例代码如下。

```
import json

import spacy

from spacy.tokens import Doc
# 加载中文模型
nlp = spacy.blank("zh")
# 准备数据
with open("exercises/en/bookquotes.json", encoding="utf8") as f:
    DATA = json.loads(f.read())
# 注册 Doc 的扩展 author（默认值为 None）
Doc.set_extension("author", default=None)
# 注册 Doc 的扩展 book（默认值为 None）
Doc.set_extension("book", default=None)
# 使用 nlp.pipe()方法处理数据，设置 as_tuples=True
for doc, context in nlp.pipe(DATA, as_tuples=True):
    # 从 context 中获取属性 doc._.book 和 doc._.author
    doc._.book = context["book"]

    doc._.author = context["author"]
```

```
# 打印文本和定制化的属性数据

print(f"{doc.text}\n — '{doc._.book}' by {doc._.author}\n")
```

代码的输出结果如下。

```
One morning, when Gregor Samsa woke from troubled dreams, he
found himself transformed in his bed into a horrible vermin.

    — 'Metamorphosis' by Franz Kafka

I know not all that may be coming, but be it what it will,
I'll go to it laughing.

    — 'Moby-Dick or, The Whale' by Herman Melville

It was the best of times, it was the worst of times.

    — 'A Tale of Two Cities' by Charles Dickens

The only people for me are the mad ones, the ones who are
mad to live, mad to talk, mad to be saved, desirous of
everything at the same time, the ones who never yawn or say a
commonplace thing, but burn, burn, burn like fabulous yellow
roman candles exploding like spiders across the stars.

    — 'On the Road' by Jack Kerouac

It was a bright cold day in April, and the clocks were
striking thirteen.

    — '1984' by George Orwell

Nowadays people know the price of everything and the value
of nothing.

    — 'The Picture Of Dorian Gray' by Oscar Wilde
```

在这个例子中，我们首先加载了一个中文模型；然后准备了一个包含文本和语境的 JSON 数据；接着使用 Doc.set_extension()方法注册了两个定制化属性 author 和 book；最后使用 nlp.pipe()方法处理了这些数据，通过设置

as_tuples=True 获取了每个文档及与其对应的语境信息，在循环中使用这些语境信息来设置定制化属性，并打印出了结果。

4.8 流程的控制

nlp.make_doc()和 nlp.select_pipes()是 spaCy 中非常有用的方法，它们允许开发者更灵活地控制文本处理流程。

nlp.make_doc()方法允许将一段文本转换为 Doc 实例，而不需要执行整个 NLP 管道。该方法适用于只需要分词而不需要完整 NLP 处理的情况，即如果只需要获取文本的分词信息，而不需要进行词性标注或命名实体识别，则可以使用 nlp.make_doc()来创建一个经过分词的 Doc 实例。

nlp.select_pipes()方法允许暂时关闭 NLP 管道中的一个或者多个组件。通过设置 disable 参数，我们可以指定要关闭的组件，从而减少不必要的处理步骤，提高效率。如果只需要执行分词和词性标注，而不需要执行命名实体识别，则可以使用 nlp.select_pipes(disable=["ner"])来关闭命名实体识别组件。

结合使用这两个方法，可以使文本处理更加灵活和高效。例如，先使用 nlp.make_doc()创建一个经过分词的 Doc 实例，再使用 nlp.select_pipes()关闭不需要的组件，最后只运行需要的组件来处理文本。这种方式特别适用于需要高度定制化处理流程的场景。

4.8.1 nlp.make_doc()方法

nlp.make_doc()方法的示例代码如下。

```
import spacy
```

```
# 加载中文模型
nlp = spacy.load("zh_core_web_sm")
# 定义文本
text = (
    "在 300 多年的风雨历程中，历代同仁堂人始终恪守 "炮制虽繁必不敢省人
工，品味虽贵必不敢减物力" 的古训，树立 "修合无人见，存心有天知" 的自律意识，
铸就了制药过程中兢兢业业、精益求精的严谨精神。"
)
# 仅对文本做分词
doc = nlp.make_doc(text)
# 打印分词结果
print([token.text for token in doc])
```

代码的输出结果如下。

```
['在', '300 多', '年', '的', '风雨', '历程', '中', '，', '历代',
'同仁', '堂人', '始终', '恪守', '"', '炮制', '虽', '繁必', '不', '敢
', '省', '人工', '，', '品味', '虽', '贵必', '不', '敢', '减物力',
'"', '的', '古训', '，', '树立', '"', '修合', '无', '人', '见',
'，', '存心', '有', '天知', '"', '的', '自律', '意识', '，', '铸就
', '了', '制药', '过程', '中', '兢兢业业', '、', '精益求精', '的', '
严谨', '精神', '。']
```

在这个例子中，我们使用了 nlp.make_doc()方法将 text 转换为 Doc 实例，并打印出了 Doc 中的词符文本，即分词结果。

这种方式可以让我们更灵活地控制文本处理流程，仅执行需要的步骤，如分词。

4.8.2 nlp.select_pipes()方法

下面的代码展示了如何使用 nlp.select_pipes()方法关闭词性标注器（tagger）和词性还原器（lemmatizer），以及如何处理文本和打印出所有 Doc 中的实体。

```python
import spacy
# 加载中文模型
nlp = spacy.load("zh_core_web_sm")
# 定义文本
text = (
    "在 300 多年的风雨历程中，历代同仁堂人始终恪守"炮制虽繁必不敢省人
工，品味虽贵必不敢减物力"的古训，树立"修合无人见，存心有天知"的自律意识，
铸就了制药过程中兢兢业业、精益求精的严谨精神。"
)
# 关闭 tagger 和 lemmatizer
with nlp.select_pipes(disable=["tagger", "lemmatizer"]):
    # 处理文本
    doc = nlp(text)
    # 打印 Doc 中的实体
    print(doc.ents)
```

代码的输出结果如下。

```
(300 多年,)
```

在这个例子中，我们首先加载了中文模型；然后定义了一个包含文本的变量 text；接着使用 nlp.select_pipes()方法创建了一个上下文管理器，并通过设置 disable=["tagger", "lemmatizer"]关闭了词性标注器和词性还原器；最后处理了

with 代码块内部的文本，并打印出了文档中的实体。

注意，由于 tagger 和 lemmatizer 被关闭，因此 spaCy 流程只会运行剩余的未被关闭的组件。

这种方式可以让我们在处理文本时更加灵活，只运行我们需要的组件，从而提高效率。

至此，我们已经能完成自然语言处理中的一些基础任务，如中文实体识别，但只使用 spaCy 自带的基础的中文模型，可能不足以达到最佳性能。要想进一步提高模型的准确度和效率，训练更先进的神经网络模型是一个很好的选择。spaCy 提供了一些工具和接口，允许开发者自定义和训练自己的神经网络模型，以满足特定任务的需求，在下一章中会讲解这部分的内容。

第 5 章

更新和训练模型

训练自己的模型是自然语言处理中最激动人心的部分之一，因为它允许根据特定的使用场景定制模型，以满足特定的需求。这种定制化能力使得模型能够更好地适应特定的数据集、语言风格和行业术语，从而提高模型的准确度和实用性。

在本章中，我们将学习如何更新 spaCy 的统计模型，以便对特定的场景进行定制化处理，包括准备和注释数据、选择和配置模型、训练和评估模型。这些知识能够帮助我们创建一个更加精准和高效的模型，以支持特定的自然语言处理任务。

（1）准备数据：收集和准备用于训练的数据，包括文本清洗、分词、标注等步骤，确保数据格式与希望模型处理的数据格式一致。

（2）选择和配置模型：根据需求选择合适的模型架构和参数。spaCy 提供了多种预训练模型，可以先选择其中一个作为起点，再根据具体任务调整模型的配置。

（3）训练模型：使用数据对模型进行训练。这涉及多次迭代，每次迭代都会根据模型的预测误差来调整模型权重。

（4）评估模型：使用开发数据来评估模型的性能，包括模型的准确度、召回率等指标，以确保模型在处理未见过的数据时也能保持良好的性能。

（5）调整和优化：根据评估结果调整模型的配置和训练过程，以优化模型的表现。

通过对本章的学习，我们将获得必要的知识和技能，以便独立地更新和定制 spaCy 模型，使其满足特定的需求，从而更有效地处理自然语言数据，并在各种应用场景中更好地发挥 spaCy 的性能。

5.1 更新模型

在本节中，我们将学习如何更新和训练 spaCy 的神经网络模型，以及与之相关的数据，并重点学习命名实体识别器。在介绍如何更新模型之前，我们先花一点时间思考两个问题：一是为什么我们想要使用自己的数据来更新模型，二是我们是否可以仅仅依赖于预训练模型。问题的答案主要体现在以下几个方面。

（1）领域特定性：预训练模型通常是在通用数据集上训练的，可能无法很好地适应特定领域和行业的语言特点，而使用自定义的数据更新模型，可以使模型更好地理解和处理特定领域的文本。

（2）数据偏差：预训练模型可能存在数据偏差，这意味着它可能在某些类型的数据上表现较好，但在其他类型的数据上表现较差，而使用自定义的数据可以减少这种偏差，使模型更加均衡和公正。

（3）新类别或实体：预训练模型可能没有学习某些特定的类别或者实体，特别是那些在训练之后出现的新概念，而使用自定义的数据可以让模型学习这些新的类别和实体。

（4）性能提升：在许多情况下，使用与任务高度相关的数据来微调预训练模型可以显著提高模型的性能，尤其是在数据量足够大的情况下。

（5）定制化需求：不同的应用可能有不同的需求，如对精度、召回率、运行速度的特殊需求，使用自定义的数据可以更好地满足这些定制化需求。

至于是否可以仅仅依赖于预训练模型，这取决于任务的具体需求和可用数据的情况。如果预训练模型已经能够满足需求，且没有可用于模型更新的额外的数据或者资源，那么使用预训练模型可能是最佳选择。然而，如果任务需要更高的性能或者特定的适应能力，那么使用自定义的数据来更新模型是必要的，这样做有以下几个好处。

（1）模型能够针对特定的领域提供更准确的结果。

（2）模型能够学习针对特定问题的特定分类类别。

（3）对于命名实体识别任务，更新模型非常有帮助。

（4）尽管更新模型对于词性标注和依存关系解析也有帮助，但其重要性相对较低。

统计模型能够基于相应的训练数据做出预测，因此提供更多特定领域的数据通常可以使模型的预测更加准确。我们经常需要预测特定问题的类别，因此模型需要学习这些特定的类别。更新模型对于文本分类至关重要，对命名实体识别也非常有帮助，但对于词性标注和依存关系解析的重要性相对较低。

5.2　训练模型

训练模型通常包括以下步骤。

（1）初始化模型权重：将模型的权重初始化为随机值，这是训练过程的起点。

（2）预测例子：使用当前权重预测几个例子，以评估模型当前的表现。

（3）比较预测结果和真实标签：对模型的预测结果与真实标签进行比较，以确定模型的准确度。

（4）计算权重调整：基于预测结果和真实标签之间的差异，计算如何调整权重以改善预测结果。

（5）微调模型权重：根据计算出的调整量，对模型权重进行微调。

（6）重复预测和调整：重复步骤（2）～步骤（5），使用新的例子进行预测，并根据结果调整权重。

spaCy 支持使用更多的例子来更新现有的模型和训练新的模型。如果不从一个预训练模型开始，那么需要将所有权重随机化，调用 nlp.update()方法，使用当前权重来预测一批次的例子。模型会对预测结果与正确答案进行比较，计算如何改变模型权重以使下一个批次的预测结果更好，并对下一个批次的例子再次进行预测。

在训练过程中，spaCy 会对数据中的每一批例子都调用 nlp.update()方法。通常，我们需要多次遍历数据进行训练，直到模型的表现不再有显著提升。模型训练的过程如图 5-1 所示。

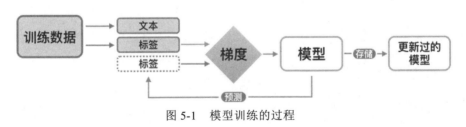

图 5-1　模型训练的过程

训练实体识别是一个重要的自然语言处理任务，它涉及识别文本中的特定实体，如人名、地点、组织、产品名称等。在 spaCy 中，实体识别器作为模型的一部分，可以通过训练来提高识别特定实体的能力。

以下是一个训练实体识别器的例子。

```python
import spacy

# 加载 spaCy 模型

nlp = spacy.load("zh_core_web_sm")

# 第一个例子，创建一个文档

doc = nlp("iPhone X 就要来了")

# 设置实体 Span，从字符 0 开始到字符 8 结束，标签为 GADGET

doc.ents = [doc[0:2]]

# 第二个例子，没有实体

doc = nlp("我急需购买一部新手机，给点建议吧！")

# 设置实体为空列表

doc.ents = []

# 更新模型

optimizer = nlp.begin_training()

for itn in range(10):

    losses = {}

    # 遍历训练数据

    for doc in training_data:

        # 进行预测

        nlp.update([doc], losses=losses)

    print(losses)
```

在这个例子中，我们首先加载了一个中文的 spaCy 模型；然后创建了一个文档 doc，并设置了它的实体。在第一个例子中，iPhone X 被标记为 GADGET 类别的实体；而在第二个例子中，没有实体被标记。

训练模型的关键目标是让模型学会泛化，即在训练数据之外的文本中准确地识别实体。为了实现这一点，训练数据需要包括文本、实体及其标签。在 spaCy 中，实体之间不能重叠，这意味着一个词符只能属于一个实体。

在训练过程中，我们不仅要告诉模型哪些词是实体，还要告诉模型哪些词不是实体。这是通过提供没有实体的文档来实现的，如第二个例子。这样模型就能学会在相似的语境中识别出新的实体，即使这些实体没有在训练数据中出现过。

5.3　准备数据

准备数据是训练任何机器学习模型的重要步骤，对于自然语言处理模型尤其重要，主要包括训练数据、测试数据和评估数据。

5.3.1　训练数据

训练数据是用于更新模型的输入示例的集合，包括示例本身及其对应的标注信息。在自然语言处理任务中，训练数据的质量和多样性对于模型的性能至关重要。

（1）文本：训练数据中的文本是模型的输入，模型在这些文本上做出标签预测。文本可以是单个句子、段落或者更长的文档。为了获得最佳结果，文本的格式应尽可能与模型在生产环境中将要处理的文本的格式保持一致。如果模型将用于处理社交媒体帖子，那么训练数据中的文本也应包括类似格式的社交媒体内容。

（2）标签：标签是模型需要预测的正确输出。在自然语言处理任务中，标签可以是文本的类别（如情感分析中的正面或者负面），也可以是实体识别中的截取跨度及其类别（如人名、地点、组织等）。

（3）梯度：在机器学习中，梯度是一个向量，指向函数在当前点上的最快增加方向。在训练模型时，梯度能够帮助我们了解如何调整模型权重以减少当前预测中的错误。通过比较模型预测的标签和真实标签，我们可以计算出梯度，并根据梯度来调整模型权重。

在训练结束后，我们应该评估模型的性能，确保它在训练数据之外的数据上也能很好地泛化。在得到满意的性能评估结果后，我们可以保存更新过的模型，用它处理实际应用中新输入的文本，并对其做出预测。

训练数据是一系列我们希望模型在特定语境中做出预测的例子。这些数据可以告诉模型我们想要它预测什么，如识别文本中的命名实体、为词符分配正确的词性标签、预测任何模型都能够识别的结果。

为了更新现有模型，我们通常需要几百到几千个例子。这些例子可以帮助模型适应新的数据分布和特定的应用场景。如果要训练一个新的类别，尤其是模型没有见过的类别，则需要几千个甚至几百万个例子。这是因为训练一个新的类别需要更多的数据来让模型学习类别的特征。

通常，我们可以先尝试使用几百到几千个例子来更新一个现有的模型。如果需要训练一个新的类别，则需要收集百万级别的训练数据来确保模型能够有效地学习。

spaCy 中训练好的中文流程是在 200 万个词汇的语料上训练的，这些文本都已经标注了词性标签、依存关系和命名实体。这种大规模的标注数据有助于模型学习中文的语言特性，从而在处理中文文本时提供准确的分析结果。

在实际操作中，我们通常需要由专业的标注师人工标注数据。数据标注是一项繁重的任务，可以通过半自动化的方法来辅助进行，如使用 spaCy 的模板匹配器 Matcher 来识别和标注特定的文本模式。这种方法可以减少人工标注的工作量，提高数据准备的效率。

1. 创建训练数据

在 spaCy 中，基于规则的 Matcher 是一个非常有用的工具，它可以用来快速创建一些命名实体模型的训练数据。假设我们有一个名为 TEXTS 的变量，其中存储着句子的列表，我们可以将其打印出来进行检查。如果要找到所有对应不同 iPhone 型号的文本，则可以创建一些训练数据来教会模型把它们识别为电子产品"GADGET"。

创建训练数据的关键是定义两个匹配模式。

- pattern1：匹配包含"iphone"和"X"的文本。

- pattern2：匹配包含"iphone"和一个数字的文本。

这两个匹配模式都使用了 Matcher 的特性。例如，{"LOWER": "iphone"}用于匹配小写形式为"iphone"的词符，{"IS_DIGIT": True}用于匹配数字。

在处理文档时，需要先使用 Matcher 查找匹配的模式，然后创建一个 Span 对象（该对象包含匹配的部分），并将其添加到 doc.ents 中。这样每个文档就都被标记为包含实体，并且这些标记的实体都被存储在列表 docs 中了。参考代码如下。

```python
import json

import spacy

from spacy.matcher import Matcher

from spacy.tokens import Span

with open("exercises/zh/iphone.json", encoding="utf8") as f:
    TEXTS = json.loads(f.read())

nlp = spacy.blank("zh")

matcher = Matcher(nlp.vocab)
```

```
# 两个词符, 其小写形式为 "iphone" 和 "x"

pattern1 = [{____: ____}, {____: ____}]

# 词符的小写形式为 "iphone", 且包含一个数字

pattern2 = [{____: ____}, {____: ____}]

# 把模板添加到 Matcher 中, 并用匹配到的实体创建 docs

matcher.add("GADGET", [pattern1, pattern2])

docs = []

for doc in nlp.pipe(TEXTS):

    matches = matcher(doc)

    spans = [Span(doc, start, end, label=match_id) for
match_id, start, end in matches]

    print(spans)

    doc.ents = spans

    docs.append(doc)
```

在 spaCy 中, 要匹配一个小写形式的词符, 可以使用 LOWER 属性。例如,
{"LOWER": "apple"}可以匹配任何小写形式为 "apple" 的词符。要寻找一个数
字词符, 可以使用 IS_DIGIT 标签。例如, {"IS_DIGIT": True}可以匹配任何数
字。这些属性在定义匹配模式时非常有用, 因为它们允许精确地指定要匹配的
词符类型。示例代码如下。

```
import json

import spacy

from spacy.matcher import Matcher

from spacy.tokens import Span

with open("exercises/zh/iphone.json", encoding="utf8") as f:
```

```
    TEXTS = json.loads(f.read())

nlp = spacy.blank("zh")

matcher = Matcher(nlp.vocab)

# 两个词符，其小写形式为 "iphone" 和 "x"

pattern1 = [{"LOWER": "iphone"}, {"LOWER": "x"}]

# 词符的小写形式为 "iphone"，且包含一个数字

pattern2 = [{"LOWER": "iphone"}, {"IS_DIGIT": True}]

# 把模板添加到 Matcher 中，并用匹配到的实体创建 docs

matcher.add("GADGET", [pattern1, pattern2])

docs = []

for doc in nlp.pipe(TEXTS):

    matches = matcher(doc)

    spans = [Span(doc, start, end, label=match_id) for
match_id, start, end in matches]

    print(spans)

    doc.ents = spans

    docs.append(doc)
```

要为语料创建数据并将其保存为 spaCy 格式的文件，可以使用 DocBin 类。
这个类是 spaCy 中用于存储和序列化文档的容器。我们可以先用 docs 列表来
初始化 DocBin，然后将这个 DocBin 保存到一个名为 train.spacy 的文件中。参
考代码如下。

```
import json

import spacy

from spacy.matcher import Matcher
```

```
from spacy.tokens import Span, DocBin

with open("exercises/zh/iphone.json", encoding="utf8") as f:

    TEXTS = json.loads(f.read())

nlp = spacy.blank("zh")

matcher = Matcher(nlp.vocab)

# 将 pattern 添加到 Matcher 中

pattern1 = [{"LOWER": "iphone"}, {"LOWER": "x"}]

pattern2 = [{"LOWER": "iphone"}, {"IS_DIGIT": True}]

matcher.add("GADGET", [pattern1, pattern2])

docs = []

for doc in nlp.pipe(TEXTS):

    matches = matcher(doc)

    spans = [Span(doc, start, end, label=match_id) for
match_id, start, end in matches]

    doc.ents = spans

    docs.append(doc)

doc_bin = ____(____=____)

doc_bin.____(____)
```

将一个包含多个文档的列表作为关键字参数 docs 传入 DocBin 的初始化方法。DocBin 的 to_disk()方法需要一个参数，即二进制文件存储的路径。确保文件为 spaCy 格式的，这是 spaCy 用于存储文档的二进制文件格式。示例代码如下。

```
import json

import spacy
```

```
from spacy.matcher import Matcher

from spacy.tokens import Span, DocBin

with open("exercises/zh/iphone.json", encoding="utf8") as f:

    TEXTS = json.loads(f.read())

nlp = spacy.blank("zh")

matcher = Matcher(nlp.vocab)

# 将 pattern 添加到 Matcher 中

pattern1 = [{"LOWER": "iphone"}, {"LOWER": "x"}]

pattern2 = [{"LOWER": "iphone"}, {"IS_DIGIT": True}]

matcher.add("GADGET", [pattern1, pattern2])

docs = []

for doc in nlp.pipe(TEXTS):

    matches = matcher(doc)

    spans = [Span(doc, start, end, label=match_id) for
match_id, start, end in matches]

    doc.ents = spans

    docs.append(doc)

doc_bin = DocBin(docs=docs)

doc_bin.to_disk("./train.spacy")
```

2. 转换数据

convert 命令是一个非常有用的工具，它可以将语料转换为 spaCy 可以处理
的格式，如将常见的格式（如 CoNLL、CoNLL-U、IOB 或者 JSON 格式）转换
为 spaCy 的二进制格式。

如果有一个名为 train.gold.conll 的 CoNLL 格式的文件，则可以使用以下命令将其转换为 spaCy 的二进制文件。

```bash
python -m spacy convert ./train.gold.conll ./corpus
```

这个命令会将 train.gold.conll 文件转换为 spaCy 的二进制文件，并保存在 ./corpus 目录下。

如果训练和测试的文件已经是常见的格式，如 CoNLL 或者 IOB 格式，则 convert 命令会自动将这些文件转换为 spaCy 的二进制文件。此外，convert 命令可以转换 spaCy v2 中使用的旧格式的 JSON 文件。

下面准备一些训练语料，为一个新的实体类别创建一个小的训练数据集。例如，我们可以先创建一些包含特定实体（如人名、地点、组织等）的句子，并为这些实体添加标签；然后使用 convert 命令，将这些数据转换为 spaCy 可以处理的格式，以便用于训练模型。

3. 生成训练语料

在 spaCy 中，更新模型时使用的数据格式与其创建的 Doc 实例的格式相同。我们已经在第 3 章中学习了如何创建 Doc 和 Span 实例。

在这个例子中，我们将为语料创建两个 Doc 实例，其中一个含有一个实体，另一个不含有实体。要为 Doc 设置实体，需要把 Span 添加到 doc.ents 中。当然，为了有效地训练出一个可以泛化和在语境中预测类似实体的模型，我们还需要更多的训练数据。根据不同的任务，通常需要几百到上千个有代表性的数据。示例代码如下。

```
import spacy
import random
```

```
nlp = spacy.blank("zh")

# 创建一个包含实体 Span 的 Doc

doc1 = nlp("iPhone X 就要来了")

doc1.ents = [doc1[0:2]]    # 从字符 0 开始到字符 8 结束的 Span，标签为
```
"GADGET"

```
# 创建一个不包含实体 Span 的 Doc

doc2 = nlp("我急需购买一部新手机，给点建议吧！")

doc2.ents = []    # 没有实体

docs = [doc1, doc2]    # 以此类推

# 将数据分割成两份

# 训练数据，用来更新模型

# 开发数据，用来测试模型

random.shuffle(docs)

train_docs = docs[:len(docs) // 2]

dev_docs = docs[len(docs) // 2:]
```

如前面提到的，我们不仅需要用数据训练模型，还需要对模型训练中未见过的数据测试模型的准确度

对数据随机排序，把数据分成两份，其中一份作为训练数据，另一份作为测试数据

采用简单的 50/50 对半分

DocBin 是用来有效存储 Doc 实例的容器

将 DocBin 保存为二进制文件

二进制文件可以用来训练模型

```
from spacy.tokens import DocBin
```

创建和保存一系列的训练文档

```
train_docbin = DocBin(docs=train_docs)

train_docbin.to_disk("./train.spacy")

# 创建和保存一系列的测试文档

dev_docbin = DocBin(docs=dev_docs)

dev_docbin.to_disk("./dev.spacy")
```

我们一般希望将训练文档和测试文档保存为硬盘上的文件，这样可以将其读入 spaCy 的训练流程。DocBin 是用来有效存储和序列化 Doc 实例的容器。我们可以先用一个 Doc 实例的列表来初始化它，然后调用 to_disk()方法，将其存储为一个二进制文件，这些文件一般使用.spacy 作为后缀。相比其他的二进制序列化规制（如 pickle），DocBin 会更加快，生成的文件更小，因为其对共享的词汇表仅存储一次。

在这个例子中，我们首先创建了一个空的中文模型 nlp；然后创建了两个 Doc 实例，一个包含实体，另一个不包含实体；最后使用 DocBin 存储这些 Doc 实例，并将其保存为二进制文件。这些文件将用于训练和测试模型。

5.3.2 测试数据

训练数据是用于更新和改进模型的，而测试数据承担着不同的角色。

（1）模型未见过的数据：测试数据应该包括模型在训练过程中没有见过的新数据。这是为了评估模型对新情况的泛化能力。

（2）计算模型的准确度：测试数据用于计算模型的准确度，即模型在测试数据上的预测正确率。例如，一个正确率为90%的模型意味着其测试数据的预测结果中有90%是正确的。

（3）代表真实环境中的数据：测试数据应该能够代表模型在生产环境中可能遇到的真实数据。这是非常重要的，如果测试数据不能代表真实情况，则模型的准确度将失去意义，使我们无法得知模型在实际应用中的真正表现。

在训练模型的过程中，了解模型的表现和学习的方向是否正确是至关重要的。我们通常会让模型对一些训练过程中没有见过的数据进行预测，并将其预测结果与已知的正确答案进行对比。这样可以评估模型的性能，并据此调整训练过程。

综上所述，除了训练数据，我们还需要测试数据（也称开发数据）。测试数据能够帮助我们评估模型的性能，确保模型不仅能在训练数据上表现良好，而且能在新的、没有见过的数据上保持良好的性能。这是确保模型能够在实际应用中有效工作的关键。

5.3.3　评估数据

要训练一个模型，通常需要训练数据和用来评估的开发数据。这些数据的主要用途是在未见过的数据上做出预测并计算准确度，以评估模型的表现。评估数据同样可以确保模型不仅能在训练数据上表现良好，而且能在新的、没有见过的数据上保持良好的性能。

5.4　配置和训练模型

在了解了如何创建训练数据后，我们可以开始配置和训练流程，步骤如下。

（1）配置训练流程：选择或者创建一个训练配置文件。在 spaCy 中，训练配置文件是一个 YAML 格式的文件，它定义了模型的架构和参数、训练数据、损失函数、优化器等。其中，模型的架构和参数包括合适的层数、隐藏单元数、激活函数。在创建训练配置文件时，要指定训练数据和开发数据的路径，确保训练数据和开发数据已经被保存为 spaCy 格式的文件，定义损失函数和优化器或者选择适合任务的损失函数和优化器，以提高模型的性能。

（2）使用 CLI 训练模型：使用 spaCy 的命令行界面（CLI）训练模型。在 CLI 中，使用 spacy train 命令启动训练过程，使用--output 选项指定输出模型的路径，并提供训练配置文件的路径和训练数据的路径。

（3）测试训练流程：在训练结束后，使用开发数据测试模型的性能，这可以帮助评估模型的泛化能力。计算模型的准确度、召回率等指标，以确保模型在没有见过的数据上也能保持良好的性能。

（4）调整和优化：根据测试结果，调整模型的配置或者训练过程，包括改变模型的架构、调整超参数、使用不同的优化器等。重复训练和测试过程，直到获得满意的性能。

通过这些步骤，可以配置和训练一个 spaCy 模型，并对其进行测试和优化。训练一个高性能的模型通常需要多次迭代和调整。请确保在训练过程中仔细监控模型的性能，并根据需要进行相应的调整。

5.4.1　配置文件

配置文件是 spaCy 中所有设定的"唯一真理来源"，它定义了如何初始化 nlp 实例，以及流程组件和模型实现的配置。配置文件是所有关于训练过程和超参数设定的集合，使得训练过程具有可复现性。它包含所有流程组件的所有设定，包括超参数，且没有隐藏的默认值。

在 spaCy 中，配置文件通常被命名为 config.cfg。它决定了如何初始化 nlp 实例，包括添加哪些流程组件，以及如何配置这些组件内部的模型实现。此外，配置文件还包含训练过程的所有设定，包括如何读取数据和超参数等。

使用配置文件的好处是，我们不需要在 CLI 中提供大量参数，也不需要在代码中定义每一个设定，只需将配置文件传递给 spaCy 的训练指令，即可启动训练过程。

配置文件还有助于更好地复现训练过程。所有的设定都集中在一个地方，使训练流程更加清晰明了。此外，我们还可以将配置文件放入 Git 仓库，加入版本控制，以便与他人分享，实现多人使用相同的设定来训练相同的流程。

在配置文件中，我们可以定义模型的架构、层数、隐藏单元数、激活函数等参数，还可以指定训练数据和开发数据的路径，以及损失函数、优化器等训练过程中的参数。通过配置文件，我们可以精确地控制模型的训练过程，从而获得最佳性能。

1. 配置文件的结构

下面的代码展示了如何为 spaCy 的命名实体识别器定义一个训练流程。这个配置文件分为几个部分，每个部分都通过点符号来嵌套定义。

```
[nlp]

lang = "zh"

pipeline = ["tok2vec", "ner"]

batch_size = 1000

[nlp.tokenizer]

@tokenizers = "spacy.zh.ChineseTokenizer"

segmenter = "char"

[components]

[components.ner]

factory = "ner"

[components.ner.model]

@architectures = "spacy.TransitionBasedParser.v2"

hidden_width = 64

# 以此类推
```

配置文件的结构如下。

（1）[nlp]：这部分定义了nlp实例的基本设置，如语言（lang）、管道（pipeline）、批处理大小（batch_size）。

（2）[nlp.tokenizer]：这部分定义了分词器的设置，包括使用的分词器（@tokenizers）、分词器类型（segmenter）。

（3）[components]：这部分定义了所有组件的设置。

（4）[components.ner]：这部分定义了命名实体识别器的基本设置，包括工厂（factory）。

（5）[components.ner.model]：这部分定义了NER模型的详细设置，包括使用的架构（@architectures）、隐藏层宽度（hidden_width）。

@符号用于引用Python函数，在配置文件中很常见，用于指定已注册的函数或者类，允许在配置文件中指定自定义的组件或模型架构，而无须在代码中直接实现它们。

spaCy提供的开箱可用的默认配置意味着我们不需要自定义组件或者模型架构，而可以直接使用spaCy提供的预训练模型和组件来进行训练。

这个配置文件为命名实体识别器的训练提供了一个清晰和可复现的设置。通过调整配置文件中的参数，我们可以定制化模型的训练过程，以满足特定的需求。

2. 初始化配置文件

spaCy提供了一个方便的命令行接口来初始化配置文件。这个命令行接口可以自动生成一个默认的配置文件，适用于特定的语言和流程组件。使用 init config命令生成配置文件。

```bash
python -m spacy init config ./config.cfg --lang zh --
pipeline ner
```

上述命令中各参数的说明如下。

（1）init config：要运行的命令。

（2）config.cfg：生成的配置文档的输出路径。

（3）lang：流程的语言类，如 zh 代表中文。

（4）pipeline：用逗号分隔的流程组件名称。

通过这个命令，spaCy 会创建一个名为 config.cfg 的配置文件，其中包含一个命名实体识别流程组件。我们也可以选择其他流程组件，如分词、词性标注等，来构建更复杂的流程。

此外，spaCy 的官方文档中有一个可以快速上手的插件，该插件可以交互式地生成配置文件，允许选择需要的语言、流程组件，以及可选的硬件和优化设定，从而生成一个满足需求的配置文件。

使用 spaCy 的内建 init config 命令和官方文档中的快速上手插件，可以大大简化配置文件的创建过程，特别适合不需要进行大量定制化设置的场景。这些工具能够帮助我们快速上手，专注于自然语言处理任务，而不是配置文件的细节。

3．生成配置文件

在 Jupyter 环境中使用 spaCy 的 init config 命令，生成一个包含命名实体识别流程组件的训练配置文件，将配置保存到文件 config.cfg 中，并使用--pipeline 参数指明一个流程组件。

```
Bash

!python -m spacy init config config.cfg --lang zh --pipeline
ner
```

上述命令的部分输出结果如下。

```
i  Generated config template specific for your use case
- Language: zh
- Pipeline: ner
- Optimize for: efficiency
- Hardware: CPU
- Transformer: None
✔ Auto-filled config with all values
✔ Saved config
config.cfg
You can now add your data and train your pipeline:
python -m spacy train config.cfg --paths.train ./train.spacy
--paths.dev ./dev.spacy
```

上述命令会创建一个名为 config.cfg 的配置文件，包含用于中文（--lang zh）的 NER 组件（--pipeline ner）。--lang 参数定义了语言类，如 zh 指中文。在 Jupyter 环境中，前缀"!"用于执行 Shell 命令。

如果在本地终端中运行命令，则不需要前缀"!"，可以直接运行。

```
bash

python -m spacy init config config.cfg --lang en --pipeline
ner
```

上述命令会在当前目录中创建一个配置文件，用于训练一个英语的 NER 模型。

4．打印配置文件

如果要查看 spaCy 生成的配置文件，则可以使用 cat 命令（在 UNIX-like 操作系统中）或者 type 命令（在 Windows 操作系统中）。在 Jupyter 环境中，可以使用以下命令。

```bash
!cat config.cfg
```

如果在本地终端中运行命令，且使用的是 UNIX-like 操作系统，则可以直接运行以下命令。

```bash
cat config.cfg
```

如果使用的是 Windows 操作系统，则可以使用以下命令。

```cmd
type config.cfg
```

上述命令会将 config.cfg 文件的内容打印到屏幕上，以便查看和编辑配置细节。部分输出结果如下。

```
[paths]

train = null

dev = null

vectors = null
```

```
init_tok2vec = null
......
```

5.4.2　训练流程

在训练流程时，我们只需要准备 config.cfg 配置文件、训练数据集和测试数据集。命令行参数可用来覆盖配置文件中的设置。以下是具体的命令行操作示例。

```bash
$ python -m spacy train ./config.cfg --output ./output --paths.train train.spacy --paths.dev dev.spacy
```

上述命令中各参数的说明如下。

（1）spacy train：执行训练的命令。

（2）config.cfg：配置文件的路径。

（3）output：指定训练结果的保存路径。

（4）paths.train：指定训练数据集的路径，覆盖配置文件中的设置。

（5）paths.dev：指定开发集（测试数据集）的路径，覆盖配置文件中的设置。

这些数据是以 spaCy 格式存储的，我们在之前的练习中已经接触过这种格式。

在运行 spacy train 命令时，--output 参数用于配置文件的路径，我们可以通过该参数指定训练完成后模型保存的路径。

此外，我们还可以在命令行中覆盖配置文件中的设置。在这个例子中，我们使用 train.spacy 文件的路径来覆盖 paths.train 参数，使用 dev.spacy 文件的路径来覆盖 paths.dev 参数。

在训练过程中和训练结束时，我们会看到一个屏幕输出示例。在训练过程中，我们通常希望数据被多次遍历。每一次数据遍历都被称为一个"epoch"，在输出表格的第一列中有所体现。

```
============== Training pipeline ==============
ℹ Pipeline: ['tok2vec', 'ner']
ℹ Initial learn rate: 0.001

E     #        LOSS TOK2VEC  LOSS NER  ENTS_F  ENTS_P  ENTS_R  SCORE

---   ------   ------------  --------  ------  ------  ------  ------

 0      0          0.00      26.50     0.73    0.39    5.43    0.01

 0    200         33.58     847.68    10.88   44.44    6.20    0.11

 1    400         70.88     267.65    33.50   45.95   26.36    0.33

 2    600         67.56     156.63    45.32   62.16   35.66    0.45

 3    800        138.28     134.12    48.17   74.19   35.66    0.48

 4   1000        177.95     109.77    51.43   66.67   41.86    0.51

 6   1200         94.95      52.13    54.63   67.82   45.74    0.55

 8   1400        126.85      66.19    56.00   65.62   48.84    0.56

10   1600         38.34      24.16    51.96   70.67   41.09    0.52

13   1800        105.14      23.23    56.88   69.66   48.06    0.57

✔ Saved pipeline to output directory
/path/to/output/model-last
```

在每一个 epoch 中，spaCy 会在每处理 200 个数据点后输出准确度分数。这个步骤在屏幕输出的第二列中显示。我们可以在配置文件中自定义这个输出频率。

每一行数据都展示了训练过程中的模型损失和计算出的准确度分数。其中,最值得关注的是最后一列的合成分数,它反映了模型在测试数据上的预测准确率。

训练过程会持续进行,直到模型不再有显著的改进。一旦模型达到最佳性能,程序将自动停止训练。

5.4.3 读取流程

在完成流程训练后,我们得到的输出是一个标准的 spaCy 模型,它可以被轻松地加载和使用。

使用 spacy.load()方法来加载模型。示例代码如下。

```
import spacy
# 加载最佳模型
nlp = spacy.load("/path/to/output/model-best")
```

上述代码中各参数的说明如下。

(1) model-last: 表示最后一次训练得到的模型。

(2) model-best: 表示在训练过程中表现最佳的模型。

```
# 处理文本
doc = nlp("iPhone 11 vs iPhone 8: 到底有什么区别? ")
# 打印实体识别结果
print(doc.ents)
```

训练结束后存储的模型是一个标准的 spaCy 流程,它与 spaCy 提供的预训练模型(如 zh_core_web_sm)具有相同的格式和功能。该模型和得分最高的模型都会被保存在指定的输出路径中。要加载和使用这些模型，我们可以将路径传递给 spacy.load()方法。模型一旦被加载，就可以处理和分析文本数据了。

5.4.4 打包流程

spacy package 命令可用于创建包含我们的流程的可安装的 Python 包，方便版本的控制和部署，示例如下。

```
$ python -m spacy package /path/to/output/model-
best ./packages --name my_pipeline --version 1.0.0
$ cd ./packages/zh_my_pipeline-1.0.0
$ pip install dist/zh_my_pipeline-1.0.0.tar.gz
```

在安装 Python 包后，读取和使用流程。示例代码如下。

```
nlp = spacy.load("zh_my_pipeline")
```

为了更方便地部署我们的流程，spaCy 提供了一系列命令来将流程打包成 Python 包。spaCy 的打包命令会先读取流程的存储路径和输出路径，然后生成一个包含我们的流程的 Python 包。这个 Python 包是一个 tar.gz 格式的文件，可以被安装到 Jupyter 环境中。我们可以在输入命令时提供可选的名字和版本号，以管理同一个流程的多个不同版本，继续定制流程或者用更多的数据训练它。

Python 包的使用方法和其他 Python 包的是一样的。在安装完 Python 包后，我们可以通过包的名称来读取流程。注意，spaCy 会自动把语言代码加到名字中，所以 my_pipeline 最后就成了 zh_my_pipeline。

接下来开始训练我们的第一个流程，创建一个命名实体识别器的配置文件，并用之前创建的数据来训练这个流程。

5.4.5 使用流程

如果想要使用 spacy train 命令来训练一个命名实体识别器，并且已经有 config_gadget.cfg 配置文件，以及 train_gadget.spacy 和 dev_gadget.spacy 的训练数据和开发数据文件，则可以在 Jupyter 环境中使用以下命令。

```bash
!python -m spacy train exercises/zh/config_gadget.cfg --
output output --paths.train exercises/zh/train_gadget.spacy --
paths.dev exercises/zh/dev_gadget.spacy
```

上述命令会使用 config_gadget.cfg 配置文件来训练模型，并将训练好的模型保存在 output 文件夹中。paths.train 和 paths.dev 参数分别指定了训练数据和开发数据的路径。

如果是在本地终端中运行，则不需要前缀"!"，可以直接运行以下命令。

```bash
python -m spacy train exercises/zh/config_gadget.cfg --
output output --paths.train exercises/zh/train_gadget.spacy --
paths.dev exercises/zh/dev_gadget.spacy
```

注意，确保 output 文件夹是存在的或者 spaCy 有创建文件夹的权限。此外，训练过程可能需要一些时间，具体取决于数据集的大小和硬件的性能。

```
!python -m spacy ____ ____ --output ____ --paths.train ____
--paths.dev ____
```

spacy train 命令的第一个参数是配置文件的路径。示例代码如下。

```
!python -m spacy train ./exercises/zh/config_gadget.cfg --
output ./output --paths.train ./exercises/zh/train_gadget.spacy
--paths.dev ./exercises/zh/dev_gadget.spacy
```

5.4.6 检测模型

如果想要评估训练好的模型在未见过的新数据上的表现，则可以使用 spaCy 的 predict 命令或者编写一个脚本来加载模型并对其进行分析，在此之前要确保模型已经训练完成并且保存在了指定的路径中。下面的示例展示了如何使用 spaCy 来加载模型并对其进行分析。

```python
import spacy
# 加载模型
nlp = spacy.load("output/model-best")  # 替换模型路径
# 示例文本
text = "这是一个新的句子，其中包含了一个 GADGET 的示例。"
# 使用模型进行分析
doc = nlp(text)
# 打印命名实体识别结果
for ent in doc.ents:
    print(ent.text, ent.label_)
```

在这段代码中，我们先加载了训练好的模型，然后定义了一个新的文本字符串，并在使用模型对这个文本进行分析后，打印出了识别出的命名实体及其标签。

注意，需要将"output/model-best"替换为实际的模型路径。此外，要确保文本数据是以 UTF-8 编码的，以避免出现编码问题。表 5-1 所示为训练结果。

表 5-1　训练结果

文本	实体
苹果已经开始让 iPhone 8 和 iPhone X 变得越来越慢了，怎么办	(iPhone 8, iPhone X)
我终于明白 iPhone X 的"刘海"是干嘛的了	(iPhone X,)

文本	实体
关于 Samsung Galaxy S9 需要了解的一切	(Samsung Galaxy,)
想要比较不同的 iPad 型号？这里是 2020 年所有的产品线对比。	(iPad,)
iPhone 8 和 iPhone 8 Plus 是苹果公司设计、研发和销售的智能手机	(iPhone 8, iPhone 8)
哪个型号的 iPad 是最便宜的，尤其是 iPad Pro 里面的？？	(Ipad, Ipad)
Samsung Galaxy 是三星电子公司设计、生产并推出市场的一系列移动计算设备	(Samsung Galaxy,)

要计算模型的准确率，我们需要知道模型应该抽取出的实体总数（即参考答案中的实体总数），以及模型实际正确抽取的实体数目。准确率的计算公式如下。

$$准确率 = \frac{模型正确抽取的实体数目}{模型应该抽取的实体总数} \times 100\%$$

如果准确率是 70%，那么意味着在所有模型应该抽取的实体中有 70%的实体被模型正确地抽取了。

5.5　模型训练中的问题

在训练自己的模型时会遇到各种问题。模型训练是一个迭代的过程，我们需要尝试多种方法以找到最佳结果。本节将分享一些训练模型的最佳实践方法和要点。

下面让我们探讨可能遇到的问题。

5.5.1　灾难性遗忘问题

已有的模型可能会在新数据上过拟合。如果我们只更新模型中的

"WEBSITE" 类别，则模型可能会"忘记"之前学习的"PERSON"类别。这种现象也称为"灾难性遗忘"。

统计模型能够学习很多信息，但它们也可能忘记已学的内容。当我们用新的数据更新现有的模型，尤其是添加新的标注时，模型可能会过拟合，对新的例子做出过多调整。

为了预防灾难性遗忘问题，我们需要确保训练数据始终包含一些模型之前能够正确预测的例子。例如，当我们要训练一个新的类别"WEBSITE"时，也应该将旧的类别"PERSON"的例子包括在内。

spaCy 可以帮助我们实现这一点。我们可以先在数据上运行现有的模型，抽取我们感兴趣的实体；然后将这些实体作为新的训练例子；接着将这些例子与现有的数据混合，使用包含所有类别的标注数据来更新模型。

5.5.2 模型不能学会所有东西

另一个常见的问题是模型可能无法学会我们希望它学习的内容。spaCy 的模型基于局部语境进行预测，对命名实体而言，目标词周围的词语最为关键。如果仅凭语境难以做出判断，则模型学习起来也会变得困难。对于这个问题，有以下解决方法。

（1）标签类别应保持一致，避免过于特殊。例如，模型可能难以仅凭语境预测文本是成人服饰还是儿童服饰，但如果仅预测"服饰"，则模型表现得可能会更好。

（2）选择那些能够从本地语境中清晰反映的类别，更通用的标签通常比更特定的标签更有效。我们可以通过规则将通用标签转换为特定类别。

下面的示例代码是不好的方法。

```python
```

```
LABELS = ["ADULT_SHOES", "CHILDRENS_SHOES", "BANDS_I_LIKE"]
```

下面的示例代码是好的方法。

```python
python
LABELS = ["CLOTHING", "BAND"]
```

在更新和训练模型之前，我们应该先停下来，仔细规划标签的内容，尽量选择那些能够从本地语境中清晰反映的类别，且越通用越好。

我们可以在最后添加基于规则的系统，将通用标签转换为特定类别。通用标签不仅更容易标注，而且更容易被模型学习，如"服饰"和"乐队"。

下面让我们看看一些语境中的问题并解决它们。

5.6 数据标注

这是一段摘抄，来自一个训练集，尝试在旅行者的评论中标注实体类型 TOURIST_DESTINATION（游客目的地）。

```
doc1 = nlp("我去年去了西安，那里的城墙很壮观！")

doc1.ents = [Span(doc1, 5, 7, label="TOURIST_DESTINATION")]

doc2 = nlp("人一辈子一定要去一趟巴黎，但那里的埃菲尔铁塔有点无聊。")

doc2.ents = [Span(doc2, 10, 12, label="TOURIST_DESTINATION")]

doc3 = nlp("深圳也有个巴黎的埃菲尔铁塔，哈哈哈")

doc3.ents = []

doc4 = nlp("北京很适合暑假去：长城、故宫，还有各种好吃的小吃！")

doc4.ents = [Span(doc4, 0, 2, label="TOURIST_DESTINATION")]
```

这段摘抄及其标注方法存在以下问题。

（1）将"一个地方是不是游客目的地"作为一个主观看法并标注为实体是不合适的，因为这基于个人观点而非客观事实。实体识别器应该专注于可从文本中直接提取的客观信息。

（2）虽然"埃菲尔铁塔"确实是一个游客目的地，但这并不意味着所有提到"埃菲尔铁塔"的句子都是在讨论它作为游客目的地的角色。在标注时应该根据实体的实际用途和上下文来决定，而不是仅仅基于对实体的普遍认知。

即使是不常见或者拼写错误的词，如果它们在文本中扮演了特定实体的角色，则也应该被标注为实体。模型的一个优势是能够识别和适应各种文本中的实体，包括那些不常见或者拼错的词汇。

一个更好的方法是只标注那些可以从文本中直接提取的客观实体，如 GPE（地理政治实体）或者 LOCATION（位置实体），并使用基于规则的系统或者额外的知识库进一步判断这些实体在特定语境中是否是游客目的地。这样，实体识别模型可以专注于学习识别客观实体，而将复杂的判断留给后续的处理步骤。

要重写 doc.ents，使其中的 Span 标签为 GPE 而非 TOURIST_DESTINATION，并且添加那些数据中原本未被标注为 GPE 的实体的 Span，可以使用以下 Python 代码。这段代码假设已经有了一个 spaCy 文档对象 Doc，其包含了命名实体识别的结果。

```
import spacy

from spacy.tokens import Span

nlp = spacy.blank("zh")

doc1 = nlp("我去年去了西安，那里的城墙很壮观！")

doc1.ents = [Span(doc1, 5, 7, label="TOURIST_DESTINATION")]

doc2 = nlp("人一辈子一定要去一趟巴黎，但那里的埃菲尔铁塔有点无趣。")
```

```
doc2.ents = [Span(doc2, 10, 12, label="TOURIST_DESTINATION")]

doc3 = nlp("深圳也有个巴黎的埃菲尔铁塔，哈哈哈")

doc3.ents = []

doc4 = nlp("北京很适合暑假去：长城、故宫，还有各种好吃的小吃！")

doc4.ents = [Span(doc4, 0, 2, label="TOURIST_DESTINATION")]
```

使用以下 Python 代码示例将已经标注的 Span 的标签从 TOURIST_DESTINATION 替换为 GPE，并添加尚未标注的城市和州省实体的 Span。这段代码假设已经有了一个 spaCy 文档对象 Doc，其包含了命名实体识别的结果。

```
import spacy

from spacy.tokens import Span

nlp = spacy.blank("zh")

doc1 = nlp("我去年去了西安，那里的城墙很壮观！")

doc1.ents = [Span(doc1, 5, 7, label="GPE")]

doc2 = nlp("人一辈子一定要去一趟巴黎，但那里的埃菲尔铁塔有点无趣。")

doc2.ents = [Span(doc2, 10, 12, label="GPE")]

doc3 = nlp("深圳也有个巴黎的埃菲尔铁塔，哈哈哈")

doc3.ents = [Span(doc3, 0, 2, label="GPE"), Span(doc3, 5, 7,
label="GPE")]

doc4 = nlp("北京很适合暑假去：长城、故宫，还有各种好吃的小吃！")

doc4.ents = [Span(doc4, 0, 2, label="GPE")]
```

当模型在旅行者的评论中检测到 GPE 实体表现良好的时候，我们可以添加一个基于规则的组件，通过在一个知识库中识别这些实体或者在旅行百科中查询这些实体，来判断实体在语境中是否是游客目的地。

5.7 训练多个标签

在下面的数据集样品中，我们创建了一个新的实体种类 WEBSITE 来训练模型。原始数据集包含了几千个句子。在这个练习中，我们将手动对其进行标注。在实际工作中，为了提高效率，我们可以使用一些标注工具来自动化这个步骤，如 Brat 或者 Prodigy。Brat 是一个非常流行的开源方案，而 Prodigy 是 spaCy 开发者自己开发的，是一个与 spaCy 集成的标注工具。

5.7.1 实体的位置参数

要获取数据中所有 WEBSITE 实体的位置参数，需要确定每个实体在文本中的起始和结束位置。这通常涉及遍历文本，找到所有匹配 WEBSITE 实体的实例，并记录它们的位置。参考代码如下。

```
import spacy

from spacy.tokens import Span

nlp = spacy.blank("zh")

doc1 = nlp("哔哩哔哩与阿里巴巴合作为博主们建立社群")

doc1.ents = [

    Span(doc1, ____, ____, label="WEBSITE"),

    Span(doc1, ____, ____, label="WEBSITE"),

]

doc2 = nlp("李子柒打破了 YouTube 的纪录")

doc2.ents = [Span(doc2, ____, ____, label="WEBSITE")]

doc3 = nlp("阿里巴巴的创始人马云提供了一千万元的购物优惠券")

doc3.ents = [Span(doc3, ____, ____, label="WEBSITE")]

# And so on...
```

spaCy 中的 Span 是不包含结束位置的。这意味着如果一个实体从位置 2 开始到位置 3 结束，那么 start 是 2，而 end 是 4。这是因为在 spaCy 中，词符的位置是基于字符索引的，并且是包含起始位置、不包含结束位置的闭区间。示例代码如下。

```
import spacy

from spacy.tokens import Span

nlp = spacy.blank("zh")

doc1 = nlp("哔哩哔哩与阿里巴巴合作为博主们建立社群")

doc1.ents = [

    Span(doc1, 0, 4, label="WEBSITE"),

    Span(doc1, 5, 9, label="WEBSITE"),

]

doc2 = nlp("李子柒打破了 YouTube 的纪录")

doc2.ents = [Span(doc2, 6, 13, label="WEBSITE")]

doc3 = nlp("阿里巴巴的创始人马云提供了一千万元的购物优惠券")

doc3.ents = [Span(doc3, 0, 4, label="WEBSITE")]

# And so on...
```

5.7.2　缺失标签的训练数据

模型在训练后对 WEBSITE 实体的抽取表现很好，但识别不了 PERSON 实体的情况，可能是由于以下几个原因。

模型完全有能力学习不同的类别，如 PERSON 和 WEBSITE。spaCy 的预训练英文模型就是一个例子，它可以识别人名、组织名、百分数等类别。

如果 PERSON 实体在训练数据中出现但未被标注，则模型会学到这些实体不应该被抽取出来。类似地，如果一个已有的类别没有出现在训练数据中，则模型会忘记它而停止抽取。

超参数确实对模型准确度有影响，但在这个情况下，问题可能不在于超参数的设置。

为了解决这个问题，需要确保训练数据包含 PERSON 实体的实例，以及实体被正确标注。这样，模型才能学习如何识别 PERSON 实体。此外，保持训练数据中各类实体的平衡也很重要，以避免模型偏向于某一类实体。

5.7.3　加入标签的训练数据

更新训练数据，加入对 PERSON 实体"李子柒"和"马云"的标注。参考代码如下。

```
import spacy

from spacy.tokens import Span

nlp = spacy.blank("zh")

doc1 = nlp("哔哩哔哩与阿里巴巴合作为博主们建立社群")

doc1.ents = [

    Span(doc1, 0, 4, label="WEBSITE"),

    Span(doc1, 5, 9, label="WEBSITE"),

]

doc2 = nlp("李子柒打破了YouTube的纪录")

doc2.ents = [____, Span(doc2, 6, 13, label="WEBSITE")]

doc3 = nlp("阿里巴巴的创始人马云提供了一千万元的购物优惠券")

doc3.ents = [Span(doc3, 0, 4, label="WEBSITE"), ____]

# And so on...
```

要添加更多的实体到 doc.ents 中，只需给 doc.ents 列表增加一个新的 Span 对象。在 spaCy 中，Span 对象用于表示文档中的一个连续片段并指定其标签。示例代码如下。

```
import spacy
from spacy.tokens import Span
nlp = spacy.blank("zh")
doc1 = nlp("哔哩哔哩与阿里巴巴合作为博主们建立社群")
doc1.ents = [
    Span(doc1, 0, 4, label="WEBSITE"),
    Span(doc1, 5, 9, label="WEBSITE"),
]
doc2 = nlp("李子柒打破了 YouTube 的纪录")
doc2.ents = [Span(doc2, 0, 3, label="PERSON"), Span(doc2, 6,
13, label="WEBSITE")]

doc3 = nlp("阿里巴巴的创始人马云提供了一千万元的购物优惠券")
doc3.ents = [Span(doc3, 0, 4, label="WEBSITE"), Span(doc3,
8, 10, label="PERSON")]
# And so on...
```

现在我们不止加入了新的 WEBSITE 实体的实例，还加入了已经存在的 PERSON 实体的实例，模型现在应该表现得比之前好很多。

到此为止，我们学习了以下内容。

（1）语言学特征抽取：包括词性识别、依存关系解析和命名实体识别。

（2）使用训练好的流程：使用 spaCy 已经训练好的模型进行文本分析。

（3）使用 Matcher 和 PhraseMatcher：通过自定义规则匹配目标词汇和短语。

（4）使用数据结构：熟练使用 Doc、Token、Span、Vocab 和 Lexeme 等数据结构。

（5）词向量计算：使用词向量计算语义相似度。

（6）定制化流程组件：通过编写自定义组件生成特定的属性和功能。

（7）流程的优化：使用流处理技术提高 spaCy 流程的运行速度。

（8）更新和训练模型：为 spaCy 的统计模型创建和更新训练数据，特别是命名实体识别器。

在第 2 章中，我们学习了如何抽取语言学特征，如词性标签、依存关系标签和实体标签，以及如何使用训练好的流程。我们还学习了如何编写匹配模板，使用 spaCy 的匹配器 Matcher 和 PhraseMatcher 抽取目标词汇和短语。

在第 3 章中，我们深入了解了如何使用数据结构 Doc、Token、Span、Vocab 和 Lexeme。我们还学习了如何使用 spaCy 读取词向量和计算语义相似度。

在第 4 章中，我们深入研究了 spaCy 的流程，学习了如何编写自定义流程组件来更改输入的 doc，如何为 doc、token 和 span 添加了自定义变量，以及如何通过流处理技术优化流程的性能。

在第 5 章中，我们学习了如何更新和训练 spaCy 的统计模型，特别是命名实体识别器。我们掌握了许多有用的技巧来创建训练数据、设计标注内容，以获得最佳结果。关于 spaCy 的更多内容，可以参考官方文档 spacy.io 继续探索，如图 5-2 所示。

图 5-2　spaCy 官方文档：spacy.io

　　更新和训练流程组件（如词性标注器、依存句法识别器和文本分类器）是自然语言处理中非常重要的一部分。我们之前主要讲解了命名实体识别器的训练，但实际上也可以对其他流程组件进行更新和训练，如下所示。

　　（1）词性标注器和依存句法识别器：这些流程组件可以帮助我们理解文本的语法结构。虽然 spaCy 提供了预训练的模型，但我们可以使用自己的数据来更新和训练这些组件，以适应特定的领域或者语料库。

　　（2）文本分类器：这是一种非常有用的流程组件，可以学习对整个文本的类别预测。这通常需要大量的标注数据，用于训练模型以识别文本的类别。

　　（3）定制化分词器：分词器用于将文本分割成词或者子词。spaCy 允许我们根据特定语言的规则来定制分词器，增加或者改进对其他语言的支持。虽然 spaCy 能够支持 60 多种语言，但仍有很大的改进空间，特别是在新语言的分词支持上。

　　在本书中，我们主要使用了 spaCy 自带的分词器，同时学习了如何定制分词器，包括添加规则和异常来改进分词过程。此外，我们还了解了如何加入和优化对其他语言的支持。

结合大语言模型，我们可以探讨如何使用 spaCy 集成这些大模型，以构建更强大的对话机器人及其他自然语言处理应用。这通常涉及使用 spaCy 来处理和理解输入文本，并将结果输入大语言模型，以获取更复杂的语言理解和生成能力。

第 **6** 章

实践案例——构建对话机器人

在本章中，我们将详细介绍如何利用 spaCy 的强大功能来构建一个对话机器人。以下是开发流程的各个阶段。

（1）构想阶段：确定对话机器人的功能和应用场景，设定预期的用户体验和交互方式。

（2）结构设计阶段：确定系统的整体架构，设计各个模块的功能和交互方式。

（3）数据准备阶段：收集和处理适用于机器人的数据；使用 spaCy 进行数据的预处理，如分词、词性标注等。

（4）模型设计阶段：利用 spaCy 的机器学习功能设计和训练对话模型，包括命名实体识别、意图识别和槽位填充等。

（5）后端 API 实现阶段：将模型集成到实际应用中；设计 API 接口，处理用户请求和响应。

在整个开发过程中，我们将通过具体的实例和示例代码了解每个阶段的具体操作和实现方法，深入理解对话机器人的开发流程，并掌握使用 spaCy 进行自然语言处理的技巧和方法。

6.1 对话机器人

在我们的日常生活中，对话机器人已经越来越普遍，无论是购物网站上的客户服务机器人，还是智能手机上的语音助手，都在不断改善我们的用户体验。那么，对话机器人是什么，它们是如何工作的呢？

6.1.1 对话机器人的概念

对话机器人通常是指能够与人类进行自然语言交互的软件程序。它们可以执行各种任务，如提供信息、解答问题、执行命令等。对话机器人也称为聊天机器人，是一种自然语言处理技术的先进应用，允许用户以自然语言的方式（无论是文本、图像还是语音）与后端服务进行互动。这种交互方式显著提升了用户体验，使得用户与机器人的交流变得更加自然和便捷。

对话机器人的独特之处在于其理解和解析人类语言的能力。它不仅能理解用户的需求，还能模拟人类对话的方式进行回应。这种人机对话模式使得机器人更像是一个真实的对话伙伴，而不仅仅是一个简单的查询工具。

除了基本的对话功能，对话机器人还能执行多种自动化任务。例如，它可以帮助用户查询信息，预订餐厅和电影票，甚至进行购物。这种自动化服务使得对话机器人能够在众多场景下发挥重要作用，无论是在个人生活中还是在企业服务中，都有广泛的应用。

总体来说，对话机器人是一种利用自然语言处理技术，将人机交互提升到新层次的强大工具。它在提升用户体验和执行自动化任务方面展现了巨大的潜力和价值。

6.1.2 对话机器人的功能

在数字化进程不断加速的今天，对话机器人已经成为人类与信息系统交互和自动执行任务的关键工具。得益于机器学习、数据科学和自然语言处理技术的飞速发展，我们现在能够更轻松地为各种应用程序和应用场景构建对话机器人，为公司、客户和员工创造巨大的便利和价值。

对公司而言，对话机器人具有明显的优势。许多公司已经开始利用对话机器人提供客服服务，这些智能机器人能像真实的客服人员一样处理客户请求，并为员工提供行政支持。在客户服务中使用对话机器人，不仅能显著提升服务质量，还能有效降低成本，带来投资的高回报率。

对客户而言，对话机器人能根据客户需求提供即时帮助和服务，且不受时间和精力限制。客户在与对话机器人交互时，能随时获取所需的信息和解答，享受全天候、全年无休、高效、快捷的服务，大幅提升用户体验。

对员工而言，对话机器人能在工作场所带来众多益处。它能自动完成简单任务，节省员工时间，让他们专注于更具挑战性的工作。此外，对话机器人还能用于组织内部，帮助员工查询、咨询和浏览公司政策、项目、人力资源信息及其他内部服务和文件，提高工作效率和便利性。

总体来说，对话机器人在各个层面都能发挥巨大的价值，无论是公司、客户还是员工，都能从中受益。

6.1.3　对话机器人的工作流程

尽管不同的对话机器人可能在功能、应用领域和工作方式上存在显著差异，但它们的基本工作流程具有一定的相似性。

（1）用户输入：用户与对话机器人的交互通常从一个输入开始。这个输入可以通过多种方式产生，如在应用程序中输入文本、通过网站发送消息，或者直接通过电话进行语音交互。

（2）消息处理：在接收到用户输入后，对话机器人会先对消息进行处理。

在这个阶段，机器人会利用自然语言处理技术来理解用户的输入，识别其背后的意图，并提取相关实体信息。

（3）决策处理：在理解用户输入的基础上，对话机器人会结合上下文进行决策处理。这个阶段可能包括查询数据库、调用 API 接口和执行特定任务。最后，机器人会生成适当的响应并将其返回给用户。

（4）持续交互：对话机器人的工作不会在一次交互后结束，而是持续接收和处理用户输入，直到满足用户需求或者将问题转交给人工客服处理。

总体来说，对话机器人的工作流程是一个持续的"输入-处理-响应"的循环，其目标是尽可能理解和满足用户需求，提供高效、准确的服务。

6.1.4　对话机器人的分类

在我们深入讨论对话机器人之前，先了解一下对话机器人的分类。一般来说，对话机器人可以根据设计目标和功能分为两大类：任务型对话机器人和问答型对话机器人。这两类对话机器人各有特点和应用场景，下面将分别进行详细的介绍。

1. 任务型对话机器人

任务型对话机器人也称为事务型对话机器人，是一种专注于执行或自动执行某项功能的对话机器人。它旨在根据用户想要执行的操作或者解决的问题，提供一套固定选项供用户选择。用户在做出选择后，对话机器人会提供更多选项来引导其完成整个流程，直到用户的问题得到解决。

任务型对话机器人的交互非常具体且结构化，因此它可以很好地帮助那些事先知道客户可能需要获得哪些常见操作或者问题相关帮助的企业。例如，餐馆、快递公司和银行会使用任务型对话机器人来处理常见的问题，如关于营业时间的问题，以及帮助客户处理不涉及大量变化因素的简单事务。任务型对话机器人是最常用的对话机器人类型之一，其应用场景多种多样。

2．问答型对话机器人

问答型对话机器人是一种比较复杂且交互性较强的对话机器人，可以实现更加个性化的交互。它能够使用 AI 技术来理解用户消息中的含义，并以模拟人类的方式进行响应；使用人工智能、自然语言处理并通过访问知识数据库及其他信息来检测用户的问题和响应中的细微差别，并按照人类的方式给出答案。这些 AI 对话机器人具有情境感知能力，能够使用自然语言理解、自然语言处理和机器学习来逐渐提高智能化水平。

问答型对话机器人通常被称为虚拟助理或者数字助理，它们会根据每个用户的个人资料和之前的行为，使用智能预测和分析技术提供个性化体验。随着时间的推移，这种类型的对话机器人可以了解用户的偏好，并提供推荐和需求预测，被广泛用于涉及在线服务、社交平台、服务型软件（SaaS）工具的企业，以及提供解决方案的 B2B 公司。

6.1.5　对话机器人的架构方案

目前主流人机对话的过程趋于统一，主要有 5 个模块。

- 将用户语音转换为文本的语音识别模块。

- 处理用户问题的自然语言理解模块。

- 负责处理对话业务的对话管理模块。

- 自然语言生成模块。

- 语音合成模块。

对话机器人的架构方案如图 6-1 所示。这种方案被称为"ASR-NLU-DM-ACTION-NLG"方案。

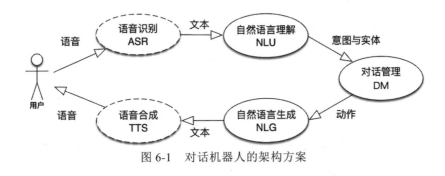

图 6-1　对话机器人的架构方案

1．语音识别

语音识别（automatic speech recognition，ASR）也称为语音转文本技术，是一项将人类语音内容转换为相应文字的技术。它在多个领域中有广泛应用，如语音助手、智能家居设备、自动电话系统和语音指令控制等。

ASR 技术主要由两个关键步骤组成：信号处理和语音识别。

（1）信号处理：信号处理阶段涉及对音频信号进行预处理和特征提取，为后续识别算法准备数据。这一阶段的目标是降低噪声、过滤不必要的信息，并将音频转换为适合计算机处理的形式。

（2）语音识别：语音识别阶段是将预处理后的音频信号转换为文本的过程。这个阶段通常使用基于机器学习的方法，其中最常见的是深度神经网络。深度神经网络能够在大规模训练数据上进行训练，学习声学模型和语言模型，从而识别和转写语音内容。

ASR 技术在当今世界中扮演着重要的角色，它使得我们能够通过语音与计算机进行交互。

2．自然语言理解

自然语言理解是一个广泛的领域，涉及分析用户语言中表达的意图（intent）和相关实体（entity）的技术。自然语言理解模块主要在句子级别对用户问题进行分类和意图识别（intent classification），同时在词级别中找出用户问题中的关键实体并对其进行实体提取（entity extraction）。

例如，当用户问"我想吃羊肉泡馍"时，自然语言理解模块可以识别出用户的意图是"寻找餐馆"，而关键实体是"羊肉泡馍"。有了意图和关键实体，就方便了后续使用对话管理模块对后端数据库进行查询。若信息有缺失，则继续多轮对话，以补全其他缺失的实体槽。

从自然语言处理和机器学习的角度看，意图识别是一个传统的文本分类问题，而实体槽填充是一个传统的命名实体识别问题。这两者都需要大量的标注数据来训练模型，以提高识别的准确度和效率。

3．对话管理

对话管理（dialog management，DM）根据对话历史状态决定当前的动作和对用户的反应，是人机对话流程的控制中心，在多轮对话的任务型对话系统中有着重要的应用。对话管理模块的首要任务是管理整个对话的流程。通过对上下文的维护和解析，对话管理模块要决定用户提供的意图是否明确，以及实体槽的信息是否足够，以进行数据库查询或者执行相应的任务。

当对话管理模块认为用户提供的信息不完整或者模棱两可时，它会维护一个多轮对话的语境，不断引导式地询问用户以得到更多的信息，或者提供不同的可能项让用户选择。对话管理模块要存储和维护当前对话的状态、用户的历史行为、系统的历史行为、知识库中的可能结果等。

对话管理模块在认为已经清楚得到了需要的全部信息后，会将用户的查询变成相应的数据库查询语句，并在知识库（如知识图谱）中查询相应的资料，或者实现和完成相应的任务（如购物下单、Siri 拨打朋友的电话、智能家居拉起窗帘）。

4．自然语言生成

自然语言生成（natural language generation，NLG）是将意图和相应的实体转换成人类用户可以理解的文本的过程，其主要方案有模板法和神经网络序列生成法。

（1）模板法：模板法生成的响应比较单一刻板，但由于模板是人工设计的，所以可读性更好。这种方法通过预定义的模板，将提取的意图和实体填充到模板中，并生成回复。虽然这种方法生成的文本可能缺乏灵活性，但在某些场景下非常有效，如生成结构化报告、标准化回复。

（2）神经网络序列生成法：神经网络序列生成法的生成形式变化多样，能提供类似千人千面的响应。这种方法通常使用 seq2seq（序列到序列）模型，通过神经网络自动生成回复。然而，由于完全依靠网络自动生成，神经网络序列生成法响应的质量和稳定性难以控制。

在目前的实际应用中，自然语言生成多以模板法为主，对模板法稍加改造（如随机选择一组模板中的一个）以克服其过于呆板的缺点。自然语言生成模块是机器与用户交互的"最后一公里"。闲聊机器人往往会在大量语料上用一个 seq2seq 模型，直接生成反馈给用户的自然语言。然而，这个模型的结果往往不适用于垂直领域中的以任务为目标的客服对话机器人，因为用户需要的是解决问题的准确答案，而不是俏皮话。我们期待未来有足够多的数据、足够好的模型，可以真正地生成准确且以假乱真的自然语言。

5．语音合成

语音合成模块涉及文字转语音（text to speech，TTS）技术，是自然语言处理中的一个重要环节。TTS 技术能够将数字文本转换为人类能够听懂的语音，类似于日常与智能助手和语音导航系统的互动。TTS 技术已经在科技工业中发展了很多年，取得了显著的进步，并产生了许多成熟的解决方案。

例如，现代 TTS 系统能够生成流畅、自然的语音，甚至模拟不同的口音、语调和情感。TTS 技术在多个领域中都有广泛的应用，如辅助技术、车载导航、客户服务、教育和个人助手等。随着技术的不断发展，TTS 技术将变得更加高效和逼真，为用户提供更好的语音交互体验。

6.2　对话机器人的设计

在设计对话机器人时，需要考虑许多因素，包括但不限于用户需求、技术实现、业务场景。这些因素将影响我们的设计决策，从而影响对话机器人的最终效果。因此，在开始具体的设计工作之前，我们需要对这些因素有一个全面的理解和评估。

1．用户需求

（1）用户群体的特点：了解目标用户群体的年龄、性别、文化背景、技术熟练度等，以设计出符合他们需求和习惯的交互方式。

（2）用户场景：分析用户在何时、何地使用对话机器人，以及为何使用对话机器人，以确定对话机器人的功能和交互流程。

（3）用户期望：调查用户对对话机器人的期望，包括响应速度、准确度、个性化程度等。

2．技术实现

（1）技术可行性：评估当前技术是否能够支持所需的功能，包括自然语言处理、语音识别、语音合成等技术。

（2）系统集成：考虑对话机器人如何与现有的系统和服务集成，以及可能的技术挑战。

（3）数据和隐私：确保对话机器人遵守数据保护法规，保护用户隐私。

3．业务场景

（1）业务目标：明确对话机器人旨在实现的具体业务目标，如提高客户满意度、降低成本、增加销售额等。

（2）业务流程：分析业务流程，确定对话机器人在其中的角色和作用。

（3）成本效益：评估对话机器人的开发和运营成本与其带来的收益之间的关系。

4．设计原则

（1）用户体验：确保对话机器人能够提供直观、易用、友好的用户体验。

（2）可扩展性：考虑未来可能的扩展和升级。

（3）可维护性：确保对话机器人能够方便地进行维护和更新。

通过综合考虑这些因素，我们可以为对话机器人制定一个全面的设计策略，确保其能够满足用户需求，实现业务目标，并在技术上可行和可持续。

6.2.1　需求设计

天气预报对话机器人是最常见也是最简单的对话机器人之一，它在对话系统教学中的地位类似于"打印'hello, world'"在编程语言教程中的作用。

在开始动手制作之前，我们先来对对话机器人做一个产品功能需求的定义，即明确定义这个机器人支持哪些功能。表6-1所示为对话系统功能表。

表 6-1　对话系统功能表

功能分类	功能	功能说明	示例
单轮对话	查询天气情况	必需的要素是日期和城市。对话机器人需要反馈给用户正确的天气情况	明天上海的天气如何
	询问功能	用户询问当前机器人的功能	是谁？ 能做什么？ 叫什么名字
多轮对话	前一轮对话缺少信息，无法完成任务	对话机器人需要正确识别缺少的要素，并提示用户给出缺少的要素。在收集所需的全部要素后，完成用户的任务	用户：明天的天气。 机器人：哪里呢？ 用户：上海。 机器人：上海明天的天气××××

6.2.2　工程设计

我们将根据 6.1.5 节中介绍的"ASR-NLU-DM-ACTION-NLG"方案，并出于简化篇幅的考虑，省去不是必需的语音识别（ASR），即遵循"NLU-DM-ACTION-NLG"方案，通过用户案例来介绍详细的方案细节。

案例一：单轮对话

在本案例中，用户的请求文本是"明天上海的天气如何？"，操作步骤如下。

（1）对话机器人使用自然语言理解模块对这个文本进行解析，得到用户的意图和实体。在本案例中，用户的意图是：查询天气；提取出来的"明天"是"日期"实体，"上海"是"城市"实体。

（2）对话管理模块根据当前的意图和实体填充情况（两个必需的实体是否都已经填充）进行业务动作的决策。在本案例中，用户的意图是"查询天气"且两个必需的实体已经填充完毕，可以执行查询天气的业务动作。

（3）业务动作模块接收对话管理模块传递的对话状态，执行具体的业务动作。在本案例中，业务动作是指调用第三方 API 执行天气查询的任务。

（4）自然语言生成模块根据业务动作模块返回的数据，进行响应数据的渲染，并发送给用户。在本案例中，响应的内容是"明天上海的天气情况为×××。"。

案例二：多轮对话

在本案例中，用户的请求文本是"上海的天气如何？"，操作步骤如下。

（1）对话机器人使用自然语言理解模块对这个文本进行解析，得到用户的意图和实体。在本案例中，用户的意图是"查询天气"，提取出来的"上海"是"城市"实体。

（2）对话管理模块根据当前的意图和实体填充情况进行业务动作的决策。在本案例中，用户的意图是"查询天气"，必需的实体并没有全部填充完毕，缺少了"日期"实体，所以由对话管理模块决定是否询问用户"日期"实体的信息。

（3）自然语言生成模块根据对话管理模块的指令，渲染响应数据并将其发送给用户。在本案例中，响应的内容是"请问是什么时候？"。

（4）用户根据机器人的提示，给出回应"明天的"。

（5）对话机器人使用自然语言理解模块对用户的响应进行解析，得到用户的意图和实体。在本案例中，用户的意图是"提供信息"，提取出来的"明天"是"日期"实体。

（6）对话管理模块根据当前的意图和实体填充情况，进行业务动作的决策。在本案例中，用户上一轮的意图是"查询天气"，必需的实体已经全部收集完毕，可以执行查询天气的业务动作。

（7）业务动作模块接收对话管理模块传递过来的对话状态，执行具体的业务动作。在本案例中，业务动作就是调用第三方 API 执行天气查询的任务。

（8）自然语言生成模块根据业务动作模块返回的数据，渲染响应数据并将其发送给用户。在案例中，响应的内容是"明天上海的天气情况为晴转多云。"。

6.3　代码实现

通过以上两个案例，我们可以看到对话系统的工作流程。无论是单轮对话还是多轮对话，都遵循了"NLU-DM-ACTION-NLG"方案。这个方案将对话系统的工作流程划分为了 4 个主要步骤：自然语言理解（NLU）、对话管理（DM）、业务动作（action）和自然语言生成（NLG）。每个步骤都有特定的任务和功能，它们共同构成了一个完整的对话系统。

在实际应用中，"NLU-DM-ACTION-NLG"方案可以根据具体的业务需求进行调整和优化。例如，我们可以根据业务的复杂性，增加或者减少对话管理的步骤；也可以根据用户的反馈，优化自然语言理解和生成的效果。

总体来说，"NLU-DM-ACTION-NLG"方案为我们提供了一个清晰、灵活的框架，能够帮助我们理解和设计对话系统。下面我们将学习如何在代码层面实现这个方案。

6.3.1　自然语言理解模块

为了让自然语言理解模块正确地识别天气机器人相关的意图并提取出对应的实体，我们需要使用 spaCy 训练一个自定义模型。如何训练一个自定义的模型在本书的第 5 章中介绍过，本章我们将付诸实践。

1. 数据准备

在 spaCy 中，推荐使用二进制的数据格式，先从数据源中读取数据，并将其组装成 Doc 实例；然后将所有的 Doc 实例组装成 DocBin；最后将 DocBin 输出为 spaCy 格式的文件。同时，为了训练模型，我们需要准备两个语料文件：train.spacy 和 dev.spacy。这两个文件是从数据源中随机切分的。

数据准备部分有 3 类意图。

- weather：用户查询天气。

- info_address：用户给出地址信息。

- info_date：用户给出日期信息。

两类实体如下。

- address：地址信息。

- date-time：日期信息。

数据准备部分的具体代码如下。

```
import random


import spacy

from spacy.tokens import DocBin


training_data = [

    ("上海什么天气", "weather", [(0, 2, "address")]),

    ("不好意思，可以帮我查询中国香港的天气", "weather", [(9, 11,
"address")]),

    ("厦门啥天气", "weather", [(0, 2, "address")]),

    ("上海多热", "weather", [(0, 2, "address")]),
```

```
("台北市温度", "weather", [(0, 3, "address")]),

("台南市南区几度", "weather", [(0, 5, "address")]),

("上海啥温度", "weather", [(0, 2, "address")]),

("台南市南区现在几度", "weather", [(0, 5, "address")]),

("上海的天气", "weather", [(0, 2, "address")]),

("上海的天气怎么样", "weather", [(0, 2, "address")]),

("上海的天气怎么样？", "weather", [(0, 2, "address")]),

("首都的天气", "weather", [(0, 2, "address")]),

("首都的天气怎么样", "weather", [(0, 2, "address")]),

("魔都的天气", "weather", [(0, 2, "address")]),

("魔都的天气怎么样", "weather", [(0, 2, "address")]),

("我要查下上海明天的天气", "weather", [(2, 4, "address"),
(4, 6, "date-time")]),

("我要查下上海后天的天气", "weather", [(2, 4, "address"),
(4, 6, "date-time")]),

("上海明天的天气", "weather", [(0, 2, "address"), (2, 4,
"date-time")]),

("上海昨天的天气", "weather", [(0, 2, "address"), (2, 4,
"date-time")]),

("上海前天的天气", "weather", [(0, 2, "address"), (2, 4,
"date-time")]),

("上海后天的天气", "weather", [(0, 2, "address"), (2, 4,
"date-time")]),

("下个星期五在南京", "weather", [(0, 5, "date-time"), (6,
8, "address")]),
```

```
    ("明天在北京", "weather", [(0, 2, "date-time"), (3, 5,
"address")]),

    ("沈阳五天后的天气", "weather", [(0, 2, "address"), (2, 5,
"date-time")]),

    ("下星期一在北京呢", "weather", [(0, 4, "date-time"), (5,
7, "address")]),

    ("今天在天津", "weather", [(0, 2, "date-time"), (3, 5,
"address")]),

    ("青岛明天的天气", "weather", [(0, 2, "address"), (2, 4,
"date-time")]),

    ("还要下星期日在苏州", "weather", [(2, 6, "date-time"), (7,
9, "address")]),

    ("关于两天后在上海", "weather", [(2, 5, "date-time"), (6,
8, "address")]),

    ("三天后在武汉呢", "weather", [(0, 3, "date-time"), (4, 6,
"address")]),

    ("三天后杭州多云吗", "weather", [(0, 3, "date-time"), (3,
5, "address")]),

    ("十月三号沈阳会下雨吗", "weather", [(0, 4, "date-time"),
(4, 6, "address")]),

    ("明天台北的天气", "weather", [(0, 2, "date-time"), (2, 4,
"address")]),

    ("今天台北的天气如何", "weather", [(0, 2, "date-time"), (2,
4, "address")]),

    ("三天后台北的天气", "weather", [(0, 3, "date-time"), (3,
5, "address")]),
```

```
    ("北京今天的天气如何", "weather", [(0, 2, "address"), (2, 4,
"date-time")]),

    ("杭州今天的天气怎么样", "weather", [(0, 2, "address"), (2,
4, "date-time")]),

    ("下个星期五台北是不是天气好吗", "weather", [(0, 5, "date-
time"), (5, 7, "address")]),

    ("今天台北天气如何", "weather", [(0, 2, "date-time"), (2,
4, "address")]),

    ("今天上海的天气", "weather", [(0, 2, "date-time"), (2, 4,
"address")]),

    ("两天前上海的天气如何", "weather", [(0, 3, "date-time"),
(3, 5, "address")]),

    ("今天台北市的天气如何", "weather", [(0, 2, "date-time"),
(2, 5, "address")]),

    ("明天北京我需要不需要雨衣", "weather", [(0, 2, "date-
time"), (2, 4, "address")]),

    ("下星期日北京外边需要毛线帽吗", "weather", [(0, 4, "date-
time"), (4, 6, "address")]),

    ("今天北京去外边要带羊毛袜吗", "weather", [(0, 2, "date-
time"), (2, 4, "address")]),

    ("三月五号北京去外边要穿外衣吗", "weather", [(0, 4, "date-
time"), (4, 6, "address")]),

    ("下个星期五我在厦门需要带伞吗", "weather", [(0, 5, "date-
time"), (7, 9, "address")]),

    ("上海三天后多少度", "weather", [(0, 2, "address"), (2, 5,
"date-time")]),
```

```
("明天上海的温度如何", "weather", [(0, 2, "date-time"), (2,
4, "address")]),

("今天上海的气温如何", "weather", [(0, 2, "date-time"), (2,
4, "address")]),

("明天马来西亚的天气是不是很冷", "weather", [(0, 2, "date-
time"), (2, 6, "address")]),

("为什么下星期一马来西亚天气那么凉快", "weather", [(3, 7,
"date-time"), (7, 11, "address")]),

("下星期日马来西亚的天气会很热吗", "weather", [(0, 4, "date-
time"), (4, 8, "address")]),

("首都明天的天气", "weather", [(0, 2, "address"), (2, 4,
"date-time")]),

("魔都下午的天气", "weather", [(0, 2, "address"), (2, 4,
"date-time")]),

("首都明天的天气怎么样", "weather", [(0, 2, "address"), (2,
4, "date-time")]),

("魔都下午的天气怎么样", "weather", [(0, 2, "address"), (2,
4, "date-time")]),

("今天台中的天气如何", "weather", [(0, 2, "date-time"), (2,
4, "address")]),

("知道现在外面冷不冷", "weather", [(2, 4, "date-time")]),

("我还很想知道一月一号的天气", "weather", [(3, 7, "date-time")]),

("稍后晚上会下雨吗", "weather", [(2, 4, "date-time")]),

("今天会不会晴朗", "weather", [(0, 2, "date-time")]),

("昨天几度", "weather", [(0, 2, "date-time")]),

("9/4 天气如何", "weather", [(0, 3, "date-time")]),
```

```
("明天天气多少摄氏度", "weather", [(0, 2, "date-time")]),

("今天天气", "weather", [(0, 2, "date-time")]),

("昨天什么天气", "weather", [(0, 2, "date-time")]),

("明天要不要手套", "weather", [(0, 2, "date-time")]),

("今天去外边要穿薄毛衣吗", "weather", [(0, 2, "date-time")]),

("明天去外边要带雨伞吗", "weather", [(0, 2, "date-time")]),

("两天后我需不需要穿雨衣", "weather", [(0, 3, "date-time")]),

("下星期一外边需要戴墨镜吗", "weather", [(0, 4, "date-time")]),

("明天的天气会很温和吗", "weather", [(0, 2, "date-time")]),

("今天天气很热耶", "weather", [(0, 2, "date-time")]),

("今天几度", "weather", [(5, 7, "date-time")]),

("两天后的天气会不会很寒冷", "weather", [(0, 3, "date-time")]),

("明天的天气是不是很暖", "weather", [(0, 2, "date-time")]),

("明天", "info_date", [(0, 2, "date-time")]),

("后天", "info_date", [(0, 2, "date-time")]),

("怎么查下个星期日的天气", "info_date", [(3, 7, "date-time")]),

("还需要昨天的", "info_date", [(2, 4, "date-time")]),

("我还要昨天的天气", "info_date", [(3, 5, "date-time")]),

("明天如何", "info_date", [(0, 2, "date-time")]),

("后天如何", "info_date", [(0, 2, "date-time")]),

("星期六呢", "info_date", [(0, 3, "date-time")]),

("后天呢", "info_date", [(0, 2, "date-time")]),

("明天呢", "info_date", [(2, 4, "date-time")]),

("两天后呢", "info_date", [(2, 5, "date-time")]),
```

```
    ("前天呢", "info_date", [(3, 5, "date-time")]),

    ("还要三天前的", "info_date", [(2, 5, "date-time")]),

    ("能不能查一下下星期五的天气", "info_date", [(3, 7, "date-
time")]),

    ("还要明天", "info_date", [(2, 4, "date-time")]),

    ("告诉我广州的天气怎么样", "info_address", [(5, 7, "address")]),

    ("告诉我广州的", "info_address", [(5, 7, "address")]),

    ("辽宁呢", "info_address", [(1, 3, "address")]),

    ("北京呢", "info_address", [(1, 3, "address")]),

    ("厦门如何", "info_address", [(2, 4, "address")]),

    ("武汉呢", "info_address", [(2, 4, "address")]),

    ("中国香港呢", "info_address", [(1, 3, "address")]),

    ("杭州呢", "info_address", [(1, 3, "address")]),

    ("上海呢", "info_address", [(2, 4, "address")]),

    ("还有宁波的天气", "info_address", [(2, 4, "address")]),

    ("宁波", "info_address", [(0, 2, "address")]),

    ("首都", "info_address", [(0, 2, "address")]),

]


nlp = spacy.blank("zh")


docs = []


for text, cat, annotations in training_data:
```

```
    doc = nlp(text)

    ents = []

    for start, end, label in annotations:

        span = doc.char_span(start, end, label=label)

        ents.append(span)


    # skip error formed doc

    if None in ents:

        continue


    doc.ents = ents

    doc.cats = {cat: True}


    docs.append(doc)


# inplace shuffle

random.seed(3)

random.shuffle(docs)


segment = int(0.9 * len(docs))

docs_subset = {

    "train": docs[:segment],

    "dev": docs[segment:],

}
```

```
# the DocBin will store the example documents

for subset in ("train", "dev"):

    db = DocBin()

    for d in docs_subset[subset]:

        db.add(d)

    db.to_disk(f"./{subset}.spacy")
```

2．配置设定

spaCy 的官方文档中有一个默认配置的生成功能，在选择相关语言、组件和训练偏好后，即可得到一个官方推荐的配置文件。在这个配置文件的基础上进行细微的改动，可以得到如下基本配置。

```
# This is an auto-generated partial config. To use it with
'spacy train'
# you can run spacy init fill-config to auto-fill all
default settings:
# python -m spacy init fill-config ./base_config.cfg ./config.cfg
[paths]
train = null
dev = null
vectors = "zh_core_web_lg"
[system]
gpu_allocator = null

[nlp]
```

```
lang = "zh"

pipeline = ["tok2vec","ner","textcat"]

batch_size = 1000


[components]


[components.tok2vec]

factory = "tok2vec"


[components.tok2vec.model]

@architectures = "spacy.Tok2Vec.v2"


[components.tok2vec.model.embed]

@architectures = "spacy.MultiHashEmbed.v2"

width = ${components.tok2vec.model.encode.width}

attrs = ["NORM", "PREFIX", "SUFFIX", "SHAPE"]

rows = [5000, 1000, 2500, 2500]

include_static_vectors = false


[components.tok2vec.model.encode]

@architectures = "spacy.MaxoutWindowEncoder.v2"

width = 96

depth = 4

window_size = 1
```

```
maxout_pieces = 3


[components.ner]

factory = "ner"


[components.ner.model]

@architectures = "spacy.TransitionBasedParser.v2"

state_type = "ner"

extra_state_tokens = false

hidden_width = 64

maxout_pieces = 2

use_upper = true

nO = null


[components.ner.model.tok2vec]

@architectures = "spacy.Tok2VecListener.v1"

width = ${components.tok2vec.model.encode.width}


[components.textcat]

factory = "textcat"


[components.textcat.model]

@architectures = "spacy.TextCatBOW.v2"

exclusive_classes = true
```

```
ngram_size = 1

no_output_layer = false


[corpora]


[corpora.train]

@readers = "spacy.Corpus.v1"

path = ${paths.train}

max_length = 0


[corpora.dev]

@readers = "spacy.Corpus.v1"

path = ${paths.dev}

max_length = 0


[training]

dev_corpus = "corpora.dev"

train_corpus = "corpora.train"


[training.optimizer]

@optimizers = "Adam.v1"


[training.batcher]

@batchers = "spacy.batch_by_words.v1"
```

```
discard_oversize = false

tolerance = 0.2


[training.batcher.size]

@schedules = "compounding.v1"

start = 100

stop = 1000

compound = 1.001


[initialize]

vectors = ${paths.vectors}
```

使用 spacy 命令将基本配置转换成完整的配置。

```
!python -m spacy init fill-config base_config.cfg config.cfg
```

3. 模型训练

在完成数据准备和配置设定后，我们就可以开始进行模型训练了。

首先，我们要确保已经安装了所需的模型，代码如下。

```
!python -m spacy download zh_core_web_lg
```

然后，启动训练流程，代码如下。

```
!python -m spacy train config.cfg --paths.train ./train.spacy
--paths.dev ./dev.spacy
```

在模型训练过程中会输出相应的性能指标，如图 6-2 所示。

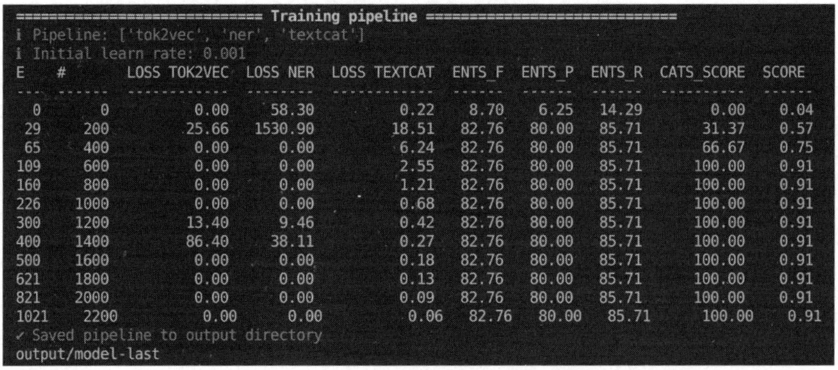

图 6-2　模型训练过程中的性能指标

6.3.2　对话管理模块

对话管理模块的输入是用户的意图和实体信息，输出是合适的动作和参数。对于小规模的项目，使用硬编码的方式完成业务逻辑的设定是一个不错的选择。

在本项目中，对话系统有 3 个动作。

（1）action_query_weather：查询天气。

（2）action_ask_address：询问地址。

（3）action_ask_date_time：询问日期。

对话管理模块的核心任务是判断当前是否有足够的信息进行天气查询动作，如果有，则发出查询动作；如果没有，则询问缺少的信息。

对话管理模块的具体代码如下。

```python
from typing import Tuple


class DialogManager:

    WEATHER_ACTION = "action_query_weather"
```

```python
    ASK_ADDRESS = "action_ask_address"

    ASK_DATE_TIME = "action_ask_date_time"


    _ask = {

        "address": ASK_ADDRESS,

        "date-time": ASK_DATE_TIME,

    }


    def __init__(self):

        self.dialog_state = {

            "address": None,

            "date-time": None,

        }


    def get_next_action(self, intent, entities) -> Tuple[str,
dict]:

        # update the dialog state

        if intent == "weather":

            for key, value in entities.items():

                self.dialog_state[key] = value

        else:

            if intent == "info_address":

                self.dialog_state["address"] = entities["address"]

            elif intent == "info_date":
```

```
                    self.dialog_state["date-time"] = entities["date-
time"]

            else:

                raise ValueError(f"Unknown intent {intent}")


        # emit the next action
        if all(self.dialog_state.values()):
            # all information is available, query the weather
            return self.WEATHER_ACTION, self.dialog_state
        else:
            # ask for missing information
            for key, value in self.dialog_state.items():
                if value is None:
                    return self._ask[key], None
```

6.3.3 业务动作模块

业务动作模块的输入是动作和参数，输出是自然语言生成模板名和参数。

在本项目中，业务动作模块的输入已经在对话管理模块中做了说明。现在我们来学习它的输出，也就是自然语言生成模板名。

（1）tpl_query_weather：渲染天气查询的结果。

（2）tpl_ask_address：渲染地址询问。

（3）tpl_ask_date_time：渲染日期询问。

本项目业务动作模块的核心业务是根据接收到的动作进行判断，如果要查询天气，则调用天气查询 API 得到天气情况（为了简化过程，在代码中直接给出了天气情况），将动作映射成对应的自然语言生成模板名，并组装好相应的参数。

业务动作模块的具体代码如下。

```python
from typing import Tuple


class ActionServer:
    def execute(self, action, params) -> Tuple[str, dict]:
        if action == "action_query_weather":
            return self._query_weather_action(params)
        elif action == "action_ask_address":
            return self._ask_address()
        elif action == "action_ask_date_time":
            return self._ask_date_time()
        else:
            raise ValueError(f"Unknown action {action}")


    def _query_weather_action(self, params):
        address = params["address"]
        date_time = params["date-time"]
        # Note: we hard-code the condition here, but in real-
world, we should call the weather API to get the condition
        condition = "晴天"
```

```
            return "tpl_query_weather", {"address": address,
"date-time": date_time, "condition": condition}


    def _ask_address(self):

        return "tpl_ask_address", None


    def _ask_date_time(self):

        return "tpl_ask_date_time", None
```

6.3.4 自然语言生成模块

自然语言生成模块的输入是模板名和参数，输出是渲染好的文本。该模块的模板名列表已经在业务计算模块中做了说明。

在本项目中，我们使用了最简单也是最常用的渲染方法之一：模板渲染法。

自然语言生成模块的具体代码如下。

```
class NatureLanguageGenerator:
    def generate(self, tpl, params) -> str:
        if tpl == "tpl_query_weather":
            return self._generate_query_weather(params)
        elif tpl == "tpl_ask_address":
            return self._generate_ask_address()
        elif tpl == "tpl_ask_date_time":
            return self._generate_ask_date_time()
        else:
            raise ValueError(f"Unknown template {tpl}")
```

```python
def _generate_query_weather(self, params):
    address = params["address"]
    date_time = params["date-time"]
    condition = params["condition"]

    return f"{address}{date_time}的天气是{condition}"

def _generate_ask_address(self):
    return "请问要查询哪个城市的天气？"

def _generate_ask_date_time(self):
    return "请问要查询哪个时间的天气？"
```

6.3.5　代码集成

至此，我们已经将所有的功能模块都构建完毕了，现在可以开始进行组装了。将所有的功能模块组装成一个机器人（Agent），它将负责提供对话系统的唯一入口，在内部协调各个组件。

Agent 的具体代码如下。

```python
from nlu import NaturalLanguageUnderstanding
from dm import DialogManager
from actions import ActionServer
from nlg import NatureLanguageGenerator
```

```python
class Agent:

    def __init__(self):

        self.nlu = NaturalLanguageUnderstanding()

        self.dm = DialogManager()

        self.actions = ActionServer()

        self.nlg = NatureLanguageGenerator()


    def interact(self, text):

        # natural language understanding

        intent, entities = self.nlu.inference(text)

        # dialog manager

        action, params = self.dm.get_next_action(intent,
entities)

        # action server

        tpl, params = self.actions.execute(action, params)

        # natural language generation

        response = self.nlg.generate(tpl, params)

        return response
```

为 Agent 创建一个 Web 界面，这样用户就可以和 Agent 进行对话了。使用 gradio 库来完成这个 Web 界面，由于这部分不属于本书的范围，因此不再对代码做说明，具体代码如下。

```python
import gradio as gr


from agent import Agent
```

```
agent = Agent()


with gr.Blocks() as demo:

    chatbot = gr.Chatbot()

    msg = gr.Textbox()

    submit = gr.Button("Submit")

    clear = gr.Button("Clear")


    def respond(message, chat_history):

        bot_message = agent.interact(message)

        chat_history.append((message, bot_message))

        return "", chat_history


    msg.submit(respond, [msg, chatbot], [msg, chatbot])

    submit.click(respond, [msg, chatbot], [msg, chatbot],
queue=False)

    clear.click(lambda: None, None, chatbot, queue=False)


demo.launch()
```

在运行这个程序后，我们会得到一个 HTTP 服务器，打开它给出的地址，用户就可以和 Agent 进行对话了。图 6-3 所示为一段简易对话。

图 6-3　一段简易对话

　　至此，我们已经介绍了设计微型对话机器人的过程，包括工作流程和相关技术细节。这个对话机器人虽然小巧，但作为一个教学项目非常合适。然而，在实际生产环境中，这个机器人还缺乏许多重要的工业级特性，如动态配置、模型版本管理和服务扩展等。我们需要对构建工业级对话机器人的过程进行更深入的了解和实践。

　　如果对构建工业级对话机器人感兴趣，强烈推荐阅读本书作者合著的另一本书《Rasa 实战：构建开源对话机器人》。这本书涵盖更多高级技术和工业级特性的实现，将深入探讨如何使用 Rasa 开发出功能完善的对话机器人，详细讲解如何处理实际环境中的复杂对话场景，以及如何进行自动化训练和部署，以满足真实生产环境的要求。

第 **7** 章

使用大语言模型

本章将深入探讨大语言模型（large language model，LLM）。首先，我们需要理解大语言模型的概念和重要性，以及大语言模型的工作原理，包括模型的训练和预测过程；然后，我们需要掌握如何在 spaCy 框架中使用大语言模型，并通过实际应用和代码示例来学习其在自然语言处理任务中的应用；最后，我们将讨论使用大语言模型的优点和缺点，并展望其未来的发展趋势。通过对本章的学习，我们能够理解和利用大语言模型来解决复杂的自然语言处理问题。

7.1　大语言模型

大语言模型是自然语言处理中一个强大的工具，它们被训练用来理解和生成人类语言。这些模型已经在各种自然语言处理任务中取得了显著的成果，如 GPT-3.5 和 GPT-4。

7.1.1　大语言模型的概念

大语言模型是一种自然语言处理模型，通常使用深度学习技术，具有大量的文本训练数据，如网页、书籍、文章。大语言模型的"大"不仅指它们处理的数据量大，还指模型本身的规模大，具体体现在它们的参数数量和复杂性上。

大语言模型的目标是理解和生成语言。为了达到这个目标，它们被训练用来预测在给定的一段文本中，下一个词或者词组是什么。通过这种方式，模型可以学习语言的语法、句法，以及一些语义信息。

一些知名的大语言模型包括 OpenAI 的 GPT-3、Google 的 Bard，以及 Facebook 的 LLaMA，都已经在各种自然语言处理任务中取得了显著的成果，如文本分类、情感分析、命名实体识别、问答系统等。

7.1.2　大语言模型的重要性

大语言模型在自然语言处理领域中的重要性不言而喻。大语言模型的规模和复杂性使其能够理解和生成人类语言的各种复杂模式，处理大量的数据，并生成高质量的输出。大语言模型在处理大规模数据时具有优势，其应用场景包括搜索引擎、推荐系统、自动翻译系统。

大语言模型的训练过程使得大语言模型能够学习语言的语法、句法，以及一些语义信息，即大语言模型不仅能够理解和生成语言，还能够理解语言的一些深层含义。例如，大语言模型可以理解一段文本的情感或者一个问题的含义，并生成一个相应的答案。

尽管大语言模型具有许多优点，但它们也有一些缺点。例如，它们可能会生成不准确或者有偏见的信息，也可能被用于生成误导性或者有害的内容。因此，在使用大语言模型时需要谨慎，对模型的输出进行适当的监控和调整。

总体来说，大语言模型在自然语言处理领域中具有重要的地位。它们的优点使得它们在许多任务中表现出色，但它们的缺点也需要我们注意。在未来，我们期待看到更多的研究成果来解决这些问题，使得大语言模型能够更好地服务于我们。

7.2　大语言模型的工作原理

大语言模型通过在大量的文本数据上进行训练来学习语言，通过使用深度学习技术（如 Transformer 架构）来理解文本的上下文和语义。

7.2.1　模型的训练

大语言模型的训练通常涉及大量的文本数据。这些数据可以来自书籍、网页、新闻文章等。模型的训练目标是学习预测给定的输入（如一个句子的一部分）可能出现的输出（如句子的下一个词）。

训练过程通常涉及以下步骤。

（1）数据预处理：将原始文本数据转换为模型可以理解的格式。这通常涉及分词（将文本分解为单词或者其他有意义的单位），以及将这些单词转换为数值表示（如词向量）。

（2）模型初始化：随机初始化模型的参数（如权重和偏置）。这些参数将在训练过程中被优化。

（3）模型前向传播：使用当前的参数和输入数据进行预测，并将预测的结果与实际的输出进行比较，以计算损失（预测错误的度量）。

（4）反向传播和优化：使用梯度下降或者其他优化算法来更新其参数，以减少损失。

这个过程会在大量的数据上反复进行，直到模型的参数收敛或者达到预设的训练轮数。训练大语言模型通常需要大量的计算资源（如高性能的 GPU）和时间。

7.2.2　模型的预测

大语言模型的预测过程通常被称为推理。在推理阶段，模型会接收一段输入文本，并生成预测的输出。这个过程通常涉及以下几个步骤。

（1）输入编码：将输入文本转换成模型可以理解的形式。这通常涉及使用词汇表将单词或者词片段转换成唯一的整数 ID，并将这些 ID 组合成一个序列。

（2）模型前向传播：将这个序列输入模型。模型通过一系列的神经网络层进行计算，每一层都会根据输入数据和层的参数生成一个输出。最后一层的输出被用作模型的预测。

（3）解码输出：模型的输出通常是一个概率分布，表示每个可能的输出的概率。这个概率分布需要被解码成实际的文本输出。这通常涉及选择概率最高的输出，或者使用一种称为束搜索的技术来生成最可能的输出序列。

这个过程通常非常消耗资源，因为大语言模型通常有数十亿甚至数百亿个参数，需要强大的计算能力来进行前向传播。此外，输入序列的长度也会影响推理的速度和资源需求，长的输入序列需要更多的计算资源和时间来处理。

7.3　提示

在使用大语言模型时，一个重要的概念是"提示"（prompt）。提示是一种方式，通过它我们可以引导模型生成我们期望的输出。在这一部分，我们将详细讨论提示，以及如何使用提示来优化模型的输出。

7.3.1　提示的概念

在大语言模型的上下文中，提示是提供给模型的输入，用于引导模型的输出。例如，如果我们想要模型写一篇关于太阳系的文章，那么我们可能会给模型一个提示，如"写一篇关于太阳系的文章"，模型将使用这个提示作为起点，生成一篇文章。

7.3.2　提示工程

提示工程（prompt engineering）是一种技术，通过精心设计提示来优化模型的输出。模型的输出往往会受到输入提示的影响，因此通过改变提示，我们可以在一定程度上控制模型的输出。

提示工程包括以下几个步骤。

（1）定义目标：明确我们期望模型生成什么样的输出，可能是一个具体的任务（如"生成一篇关于太阳系的文章"），也可能是一个更抽象的目标（如"生成一段有说服力的语言"）。

（2）设计提示：设计一个或者多个提示，我们认为这些提示可能会引导模型生成我们期望的输出。这可能需要一些试错，因为不同的提示可能会导致不同的输出。

（3）测试提示：测试我们的提示。这意味着我们需要将提示输入模型，查看模型的输出，并评估输出是否符合我们的目标。

（4）优化提示：优化我们的提示。这意味着我们需要修改提示，或者尝试不同的提示，直到找到一个能够生成期望输出的提示。

提示工程是一个迭代的过程，可能需要多次尝试和修改。然而，通过精心设计和优化提示，我们可以在很大程度上控制大语言模型的输出，使其更好地满足需求。

7.3.3　提示的实际应用

在自然语言处理领域中，大语言模型已经被广泛地应用于各种任务，包括情感分类、命名实体识别。这些任务的完成在很大程度上依赖于有效的提示设计和应用。下面我们将深入探讨如何通过提示，利用大语言模型完成常见的自然语言处理任务。

1．提示在情感分类中的应用

情感分类是自然语言处理中的一个常见任务，它的目标是确定给定文本的情感倾向，如积极、消极或者中立。在情感分类任务中，我们可以通过设计特定的提示来引导大语言模型进行情感分类。

假设我们有一个评论文本："这家餐厅的食物真好吃，我下次还会再来。"。我们可以先设计一个提示（如"这段评论的情感倾向是_____。"），然后将评论文本和提示一起输入模型。模型可能会生成一个填充在空白处的词（如"积极"），从而完成情感分类任务。

2．提示在命名实体识别中的应用

命名实体识别是另一个常见的自然语言处理任务，它的目标是识别文本中的命名实体，如人名、地名、组织名等。在命名实体识别任务中，我们同样可以通过设计特定的提示来引导大语言模型进行命名实体识别。

假设我们有一个句子："贝拉克•奥巴马是美国的第 44 任总统。"我们可以先设计一个提示（如"在这个句子中，人名是_____，国家名是_____，职位是_____。"），然后将句子和提示一起输入模型。模型可能会生成填充在空白处的词，如"贝拉克•奥巴马，美国，总统"，从而完成命名实体识别任务。

7.4　spaCy 和大语言模型

本节将详细介绍如何在 spaCy 中集成和使用大语言模型。spaCy 提供了一个名为 spacy-llm 的包，该包将大语言模型集成到了 spaCy 的管道中，提供了一个用于快速设计原型和提示的模块化系统，并将非结构化的响应转化为了各种自然语言处理任务的强大输出，无须训练数据。

spacy-llm 包括一个可序列化的大语言模型组件，用于将提示集成到管道中，以及用于定义任务（提示和解析）和模型（要使用的模型）的模块化函数。它支持托管的 API 和自托管的开源模型，可以与 LangChain 集成，也可以访问 OpenAI API，包括 GPT-4 和各种 GPT-3 模型。此外，它还内置了对 Hugging Face 托管的各种开源模型的支持。

大语言模型具有强大的自然语言理解能力，只需几个（有时甚至不需要）示例，就可以执行自定义的自然语言处理任务，如文本分类、命名实体识别、共指消解、信息提取。spacy-llm 可以快速使用由大语言模型提示驱动的组件初始化一个管道，并自由地混合使用由其他方法驱动的组件。随着项目的进展，我们可以替换部分或者所有由大语言模型驱动的组件。

当然，系统中可能有一些组件完全依赖大语言模型的功能。如果希望系统从多个文档中提取信息，并生成一个细致的摘要，那么模型越大越好。然而，即使系统需要大语言模型来完成一部分任务，也不意味着系统需要大语言模型来完成所有的任务，如使用一个便宜的文本分类模型找到要总结的文本，或者添加一个基于规则的系统来检查摘要的输出。这些任务在一个成熟且经过深思熟虑的库中会更容易实现，而这种库正是 spaCy 提供的。

7.4.1 安装 spaCy 大语言模型支持包

在开始使用大语言模型之前，我们需要先安装 spaCy 大语言模型支持包。目前，spaCy 的大语言模型包定制化流程组件 spacy-llm 还处于实验阶段，其接口可能会在版本更新中发生变化，进而导致一些兼容性问题，未来的 spaCy 可能会自动安装此包，但是现在我们需要手动进行安装。

以下是安装 spacy-llm 的步骤。

（1）确保已经在的虚拟环境中安装了 spaCy。如果还没有安装，则可以使用以下命令进行安装。

```
python -m pip install spacy
```

（2）在同一个虚拟环境中，使用以下命令安装 spacy-llm。

```
python -m pip install spacy-llm
```

在安装完成后，就可以在 spaCy 中使用大语言模型了。

7.4.2 在 spaCy 中配置大语言模型

在 spaCy 中，大语言模型是以流水线组件的形式工作的，这个组件叫作 llm。我们可以通过 spaCy 的配置系统来完成 llm 组件的配置。

在 spacy-llm 中，一个组件主要由任务（task）和模型（model）定义。

任务定义了要发送给 llm 的提示，以及如何将结果转换为 Doc 实例的结构化字段。简而言之，任务定义了自然语言处理任务的类型。

模型定义了要使用的模型和连接模型的方法。简而言之，模型定义了底层使用什么样的模型网络来完成任务，模型的好坏决定了推理结果的好坏。spacy-llm 支持访问外部 API（如 OpenAI），以及访问自托管的开源的大语言模型（如通过 Hugging Face 使用 Dolly）。

以上就是在 spaCy 中配置大语言模型的基本步骤。具体的配置和使用方法会根据具体的需求和使用的模型有所不同。我们将在下一节中，以实例的方式介绍如何使用大语言模型来完成具体的任务。

7.5 实际应用

使用 spaCy 和大语言模型可以进行各种自然语言处理任务，如文本分类、命名实体识别等。

7.5.1 文本分类

在 spaCy 中，我们可以使用大语言模型进行文本分类。本节我们将使用基于 OpenAI ChatGPT 的模型来完成文本情感分类任务。以下是使用大语言模型进行文本分类的步骤。

（1）获取 API 密钥：从 openAI 中获取一个新的 API 密钥或者已经存在的密钥，并确保这些密钥被设置为环境变量。更多关于如何设置 OpenAI 密钥的信息，可以参考 OpenAI 的相关文档。

（2）创建配置文件：创建一个配置文件 config.cfg，至少包含以下内容。

```
[nlp]

lang = "zh"

pipeline = ["llm"]



[components]
```

```
[components.llm]

factory = "llm"


[components.llm.task]

@llm_tasks = "spacy.TextCat.v2"

labels = ["正面评价", "负面评价"]


[components.llm.model]

@llm_models = "spacy.GPT-3-5.v2"

config = {"temperature": 0.0}
```

在这个配置文件中，我们先定义了一个使用大语言模型的 pipeline。这个 pipeline 中只有一个 llm 组件；然后定义了这个组件的类型（factory = "llm"）和一个文本分类任务，该任务将文本分类为"正面评价"和"负面评价"，并指定了模型（@llm_models = "spacy.GPT-3-5.v2"）和相关配置（config = {"temperature": 0.0}）。

（3）加载模型并进行预测，代码如下。

```
from spacy_llm.util import import assemble


nlp = assemble("config.cfg")

doc = nlp("这身衣服看起来真不赖!")

print(doc.cats)
```

在这段代码中，我们首先从 config.cfg 中加载了模型，然后使用模型对输入的文本进行了预测，最后打印出了预测的分类结果：{'正面评价': 1.0,'负面评价': 0.0}。

通过以上步骤，我们可以使用大语言模型进行文本分类，也可以根据需求调整配置文件中的设置，如更改模型、分类标签或者模型的配置参数。

7.5.2 命名实体识别

在这一节中，我们将探讨如何使用 spaCy 和大语言模型进行命名实体识别。我们将使用基于 OpenAI ChatGPT 的模型。

首先，创建一个配置文件 config.cfg，至少包含以下内容。

```
[nlp]

lang = "zh"

pipeline = ["llm"]


[components]


[components.llm]

factory = "llm"


[components.llm.task]

@llm_tasks = "spacy.NER.v3"

labels = ["人物", "组织", "地点"]


[components.llm.model]
```

```
@llm_models = "spacy.GPT-3-5.v2"

config = {"temperature": 0.0}
```

在这个配置文件中，我们先定义了一个 llm 组件，它是一个命名实体识别组件（@llm_tasks = "spacy.NER.v3"），并指定了要识别的实体类型为人物、组织和地点。下面使用 spacy.GPT-3-5.v2 模型进行命名实体识别。

使用以下代码来加载我们的模型并进行命名实体识别。

```
from spacy_llm.util import assemble


nlp = assemble("config.cfg")

doc = nlp("王小明在北京的清华大学读书。")

print([(ent.text, ent.label_) for ent in doc.ents])
```

在这段代码中，我们首先从 spacy_llm.util 中导入了 assemble 函数，并使用这个函数加载了配置文件；然后使用加载的模型对一段文本进行了命名实体识别，并打印出了识别的实体及其类型：[("王小明", "人物"), ("北京", "地点"), ("清华大学", "组织")]。

7.6 大语言模型的优点和缺点

大语言模型的主要优点是它们通常能够在各种自然语言处理任务中达到最佳结果。它们也有一些缺点，如在训练和使用上需要大量的计算资源。

7.6.1 大语言模型的优点

大语言模型在自然语言处理领域中具有许多明显的优点，这些优点使它们在各种应用中都能发挥重要作用。

（1）高度准确：由于大语言模型在大量文本数据上进行训练，因此能够生成非常准确的预测。大语言模型能够理解复杂的语言，包括语法、语义和上下文关系，从而在各种自然语言处理任务中实现高精度的预测。

（2）通用性：由于大语言模型在大量多样化的文本数据上进行训练，因此具有很强的通用性。这意味着同一个模型可以用于多种不同的自然语言处理任务，如文本分类、命名实体识别、情感分析等。

（3）可转移学习：大语言模型的另一个优点是支持转移学习。这意味着一个在特定任务上训练的模型可以帮助另一个任务的模型进行训练。这大大减少了训练新模型所需的数据量和时间。

（4）处理复杂任务：大语言模型由于其深度学习的特性，使得它们能够处理复杂的自然语言处理任务，如机器翻译、文本生成等。这些任务通常需要对语言具有深层理解，而这正是大语言模型擅长的。

（5）持续学习和改进：随着有更多的数据用于训练，大语言模型可以持续学习和改进。这意味着模型的性能会随着时间的推移而提高，模型在处理新的、未见过的数据时仍然能够保持高精度。

7.6.2　大语言模型的缺点

尽管大语言模型在许多自然语言处理任务中表现出色，但它们也有一些明显的缺点。

（1）训练成本高：大语言模型需要大量的计算资源和时间来训练。例如，GPT-3 模型需要数百个 GPU 和数周的时间来训练。这使得训练大语言模型对许多组织和个人来说成本过高。

（2）数据偏见：大语言模型通常使用互联网文本进行训练，这可能导致模型学习并复制存在于这些文本中的偏见。例如，如果训练数据中包含性别或者种族偏见，则模型可能会在生成文本时表现出这些偏见。

（3）难以解释：大语言模型的工作方式通常很难解释。这是因为它们是基于复杂的神经网络进行决策的，这些网络的决策过程往往是黑箱式的。这使得理解模型为什么会产生特定的输出变得困难。

（4）过度拟合：大语言模型可能会过度拟合训练数据，这意味着它们可能在训练数据上表现良好，但在新的、未见过的数据上表现不佳。

（5）安全性问题：大语言模型可能会生成不合适或者有害的内容，特别是当它们被用于生成文本时。此外，如果模型被恶意使用，则可能会被用于生成误导性或者虚假的信息。

在使用这些模型时，我们需要意识到这些问题，并尽可能地采取措施来减轻它们的影响。

7.7 未来趋势

大语言模型的研究正在快速发展，我们可以期待在未来看到更多的创新。例如，研究人员正在探索如何让这些模型更有效地理解和生成人类语言，以及减少它们的计算需求。

7.7.1 当前的研究趋势

在大语言模型的研究领域中，有几个显著的趋势。

（1）更大的模型：随着计算能力的提升，越来越大的模型被开发和训练出来。例如，OpenAI 的 GPT-3 模型有 1750 亿个参数，这使得它能够生成非常准确和逼真的文本。然而，训练这样的大模型需要大量的计算资源和时间，这是当前研究领域面临的一个重要挑战。

（2）更好的训练方法：为了提高模型的性能和效率，研究人员正在开发新的训练方法。例如，一些研究正在探索如何使用更少的数据或者计算资源来训练大模型，另一些研究则在探索如何通过改进模型的架构或者优化算法来提高模型的性能。

（3）模型的可解释性：随着模型变得越来越复杂，理解模型的工作原理和预测结果的形成变得越来越困难。因此，许多研究正在探索如何提高模型的可解释性，这对于建立用户对模型的信任，以及在模型出错时找出原因都是非常重要的。

（4）模型的公平性和道德问题：大语言模型在处理文本时可能会反映出训练数据中的偏见。因此，如何确保模型的公平性，以及如何处理模型可能引发的道德和社会问题，是当前研究领域中的一个重要主题。

以上就是当前大语言模型研究领域中的一些主要趋势。这些趋势预示着大语言模型的发展方向，也揭示了这个大语言模型研究领域面临的一些重要挑战。

7.7.2　未来可能出现的影响

随着技术的发展，大语言模型的影响可能会在以下几个方面得到体现。

（1）更高的准确度：随着计算能力的提升和训练数据的增加，我们可以预期大语言模型的准确度会进一步提高。这将使得自然语言处理任务（如机器翻译、情感分析、文本摘要等）能够达到更高的准确度，从而在各种应用中发挥更大的作用。

（2）更广泛的应用：大语言模型的应用领域可能会进一步扩大。除了现有的文本生成、文本分类等任务，大语言模型可能会被用于更多的任务，如对话系统、推荐系统。此外，大语言模型也可能被用于非文本的任务，如图像生成、音频处理。

（3）更大的社会影响：随着大语言模型的应用越来越广泛，它们可能会对社会产生更大的影响。例如，大语言模型可能会改变我们获取信息的方式，影响我们的决策过程，甚至对就业市场产生影响。然而，这也带来了一些挑战，如确保模型的公平性、防止模型被用于实现恶意目的等。

（4）更大的伦理挑战：随着大语言模型的能力越来越强，它们可能会带来更大的伦理挑战。例如，如果一个模型可以生成逼真的假新闻，那么它可能会被用于传播虚假信息；如果一个模型可以生成逼真的人类对话，那么它可能会被用于欺骗人类。因此，确保大语言模型的伦理将是一个重要的挑战。

以上是对大语言模型未来可能出现的影响的一些预测，但实际的影响可能会因技术和社会的发展而有所不同。

在本章中，我们深入探讨了大语言模型的概念、工作原理及其在 spaCy 框架中的应用。大语言模型是一种强大的工具，可以处理各种自然语言处理任务，如文本分类、命名实体识别。相比传统的技术方案（如 BERT 等），大语言模型具有一个非常突出的优点，那就是对于可以使用常识判断的任务（如情感分类、常见实体提取），只需少量示例数据或者完全无须数据，就可以得到令人非常满意的结果。这个通用又高效的能力在以前是完全无法想象的。

我们了解了如何在 spaCy 中加载和使用预训练的大语言模型，并通过实际的代码示例了解了其在实际应用中的用法。我们还讨论了大语言模型的优点和缺点，了解了其具有高度准确的优点，以及需要大量的训练时间和资源的缺点。

我们讨论了大语言模型的未来趋势，包括一些正在进行的研究，以及这些研究会如何影响未来的自然语言处理应用。

总体来说，大语言模型是一个快速发展的领域。对任何对自然语言处理感兴趣的人来说，这都是一个值得关注的领域。

希望这一章能帮助大家更好地理解大语言模型，掌握如何在 spaCy 框架中使用它们。